U0948039

解脱

杨安 著

让身心获得自由

让生命重新恢复色彩

中国财富出版社

图书在版编目（CIP）数据

解脱 / 杨安著. —北京：中国财富出版社，2014. 8
ISBN 978－7－5047－5294－9

Ⅰ. ①解…　Ⅱ. ①杨…　Ⅲ. ①人生哲学—通俗读物　Ⅳ. ①B821－49

中国版本图书馆 CIP 数据核字（2014）第 158532 号

策划编辑　范虹轶　　责任印制　方朋远
责任编辑　刘淑娟　　责任校对　杨小静

出版发行　中国财富出版社
社　　址　北京市丰台区南四环西路 188 号 5 区 20 楼　　邮政编码　100070
电　　话　010－52227568（发行部）　010－52227588 转 307（总编室）
　　　　　010－68589540（读者服务部）　010－52227588 转 305（质检部）
网　　址　http://www. cfpress. com. cn
经　　销　新华书店
印　　刷　北京京都六环印刷厂
书　　号　ISBN 978－7－5047－5294－9/B·0398
开　　本　710mm×1000mm　1/16　　版　　次　2014 年 8 月第 1 版
印　　张　14. 25　　印　　次　2014 年 8 月第 1 次印刷
字　　数　198 千字　　定　　价　32. 00 元

前　言

你今天出门时心情愉快吗？

你觉得长期以来自己真正幸福吗？

你曾经憧憬的美好生活是否真的如愿实现了？

你喜欢你现在的状态吗？

你是否常常感觉到自己身处某种怪圈而难觅出路？

你是否经常觉得自己对人对事力不从心？

你是否也曾纠结于生命的尊严和生活的压力哪个更重要？

……

面对越来越充裕的现代物质生活，人们的幸福指数却每况愈下。为什么？因为都市竞争日趋激烈，压力随之增加。你被这股潮流推搡裹挟，无法停驻，你被生活压得喘不过气，难堪其负。你也许经常借各种娱乐方式，宣泄心中郁积已久的愤懑和不快、狂野和热情，或者在闲暇之际呼朋唤友跋山涉水，于世外桃源间寻求一点短暂的慰藉，然后，重归钢筋水泥般的机械生活，日复一日，重复自己。请问，这就是我们想要的生活吗？如若不是，我们想要的生活到底是什么？其实，它就在我们身边，从未走远，只是我们心陷困境，无以得见，如何脱离困境，唯有解脱。

“解脱”，一般指“解除、开脱”的意思。在佛教中，“解脱”被认为是摆脱烦恼业障的系缚而复归自在的一种境界，即“脱离苦恼，自在无碍”。可以说，这8个字不仅仅适用于佛教徒，红尘众人亦缺。

知“解脱”，不等于能得解脱。往深了说，色、身、香、味、触、法，谁能轻易不管不顾；往浅了说，贪、嗔、痴、慢、疑五毒，哪个人身上没有一点半点？人生百年，俗事万千，到最后，多少人只得叹一句“世间不如意事十之八九”，然后左右权衡，委屈忍耐，一辈子也就那样走到了头。

能无憾吗？

如果有憾，为什么不从今天做起，从改变自己做起，从心灵的解脱做起？

笔者在催眠学的基础上，汲取古今中外哲学、心理学及名师经典语录，怀感恩心、敬佩心，为国民献上这本《解脱》，不求闻达，只愿正信弘扬，正能量处处落地生根。

本书从8个层面阐释“解脱”之意，包括总论、缘起、我执、态度、定力、自省、宽容、放飞自我。

第一章：总论。解脱是我们在俗世重获心灵自由的唯一途径。

随着年月的增长，我们身上的包袱越来越多。士、农、工、学、商，一行有一行的困顿和痛苦。但不论我们身处哪行哪业，都有自我解脱的权利和义务。身心是自由的，生命其实充满色彩！

第二章：缘起。生命之所以被束缚的原因：贪、嗔、痴、慢、疑。

去五毒，谈何容易，多少高僧智士一辈子也未能修成正果。本章只是为读者讲解五毒为何物，应该如何规避。“有的”才能“放矢”，只要存解脱之心，行合乎之法，自然能收获相应的成果。这才是“因——缘”。

第三章：我执。反省自身，才是解脱的开始。

人最大的敌人就是自己。如果总是无法解脱，那就是我执太深，反观自我，就会少点烦恼。

第四章：态度。一花一世界，态度在我们的生活中起着很关键的作用。

第五章：定力。没有定力，何来解脱？诱惑和欲望是束缚的根源。

第六章：自省。正确面对自己，由外求改而内省，是解脱之正途。

第七章：宽容。思考自己，宽容他人。宽容他人也等同于解脱自己。

第八章：放飞自我。生命是自由的，只看你愿不愿意给它自由。解脱，真的说起来也就是一句话，让心灵得到该有的空间。

区区八章，当然无法囊括“解脱”博大精深的意义，但相信还是可以为读者指一个开放心灵的方向。“但开风气不为师”，即使这样也做不到，能有一词半句激发读者内心智慧之光，就是笔者之功德。

作 者

2014 年 6 月

目录

contents

第一章

解脱：除烦解忧重获身心自由活法

我们活得很累。随着年月的增长，我们身上的包袱越来越多。难道人生就只能这样负重存活？不是的。我们应该选择一种新的人生态度，将自己从过去的悲伤、痛苦、困顿之中解脱出来。让身心获得自由，让生命重新恢复色彩。

人生并非是背负着种种包袱前行

人啊，活得自然一些吧。你本来是用灰尘、沙子和泥土制造出来的，你还想成为比灰尘、沙子和泥土更多的东西吗？

——毕希纳《给思想者》

经常有人感叹：人活着真累。随着经济发展、生活节奏加快，这种“累”也在增加，并且范围越来越广。2013 年 11 月，求是杂志社旗下的《小康》杂志对世界各地的 2013 名中国人开展年度感受调查，结果显示，中国人的最大感受是“累”。同期，《生命时报》也联合多家网站对 31468 人进行调查，其结果显示：九成以上的中年人觉得活得很累……

为什么人活得这么累？

有人会说，生活的压力重啊！

的确，现代社会竞争激烈，机会多的同时压力也大，每个人所要承受的压力，确实比日出而作日落而息的农耕社会要大。可是，透过这些纷纷扰扰的表象，我们又能看到什么本质？

曾经有人将中国人太累的原因归结为以下几种：太看重位子；总想着票子；倒腾着房子；放不下架子；撕不开面子；眷顾着孩子。这个结论未必全面，但不无道理。其实总归一句话，人为什么会累，不就是因为包袱太多太重吗？

有这样一个故事：

一位年轻人觉得活得很不快乐，整天郁郁寡欢。为此，他去请教一位智者。智者给他一张纸，让他平举着。年轻人照做了。

一分钟过去了，智者问：累吗？年轻人说：不累。

半个小时过去了，智者再问：累吗？年轻人说：手臂有些酸。

一个小时后，年轻人撑不住了，问智者：我还要举多久？

智者再问：你累吗？年轻人说：我累死了，手臂都麻了。

智者笑了，让他放下，接着问他感觉如何。年轻人说：太轻松了。说完，他恍然大悟。

这个故事告诉我们，哪怕是一张纸，如果我们一直举着，也会累个半死，更不要说人生的种种包袱。

每个人都是一无所有地来到这个世间，可是随着时间的增长，我们背负的东西也自然增多，物质方面的、精神方面的，都在加重我们的负担。如果我们自己不能学会放下，不懂得自我解脱，那么带来的就是心理和身体上的双重疲惫。

人一生到底有多少包袱？先来看一个故事。

唐朝高僧无际大师一生对人开释无数。有一次，一个青年来求教，他向大师倾诉，觉得自己无比孤独、痛苦和寂寞。他也有自己的追求，可是每一次跌倒时的痛苦、每一次受伤后的哭泣、每一次孤寂时的烦恼，都如此清晰地印在他身上。看上去，他也疲倦到极点。

无际大师说：“我带你去一个地方。”他带着青年到河边坐船。过河上岸后，大师说：“你把船扛上吧！我们继续赶路。”

“什么？”青年很惊讶，“船那么沉，我扛得动吗？”

“是的，你扛不动它。”大师微微一笑，说：“过河时，船是有用的。但过了河，我们就要放下船赶路。你经历的那些痛苦，其实都是帮助你成长的契机，能让生命得到升华。但如果你须臾不忘，它们就成了人生的包袱。所以，放下它吧！孩子，生命不能太负重。”

青年领悟了，他感谢禅师的开导，转身踏上新的旅途，脚步轻松而愉悦。

我们都是感情动物，有七情六欲，自然就少不了与愤怒、悲伤、痛苦打交道。可是，是牢牢记住这些情绪，还是及时释然？这就取决于我们自己的心态。

生命原本是可以不必如此沉重的。很多时候，只是我们自己放不下各种情绪的包袱，以至于生活中不需要有太多波澜起伏的大事，单单是日复一日的柴米油盐、琐屑细节，就足以让人心力交瘁。所以心理学家分析，现代人的累，主要不是体力上的疲劳，而是心灵上的不堪重负。

因此，要让自己活得幸福快乐，就要学会活在当下，放下那些不必要的包袱。

人身上的包袱，关于过去的其实还只是一小部分，更多的是来自心中的欲望。

不可否认，浮躁的社会大环境在无形地诱惑每个人，让我们生出没完没了的欲望：名车、别墅、奢侈品……于是我们拼命赚钱，过度消费，在攀比中寻找满足感，却忽略被这些华丽的包袱压垮的健康——包括身心。

2008 年 5 月，汶川地震，举世皆惊。在无数伤痛之间，人和人的温暖也迸发耀眼的光芒。有一条短信在当时流传甚广：“汶川地震，生死转换于顷刻，穷人与富人同行，少年与老人携手，恩人与仇人同去，平民与官员共趋，抹平了恩怨情仇，埋葬了利禄功名。当生命邂逅死亡，顿感生命脆弱，亲情弥珍，更使世人明白：得到别得意忘形，失去别怨天尤人；顺时要善待别人，逆时要善待自己。累了就自己歇歇，想了就发条短信。平安是福，深深地祝福你的每位亲人和朋友：一生平安。”

这条短信说出了一个事实：生命的意义，在于活着，在于好好地、健康地、快乐地活着。当无数人面对一夜之间荡然无存的家园，却发现自己还活着的时候，这种感觉，不是放下，而是拥有。知道自己还拥有生命，这就是一种幸福。功名、金钱、爱情、事业，确实都是每个人心中求之不得的，但有必要疲于奔命吗？

只是因为不肯放下生命中的包袱，多少人不思进取，得过且过，荒废了人生；多少人耐不住寂寞，越走越远，越陷越深，犯下不可饶恕的错误；多少人忙碌一生，多病缠身，不得解脱；又有多少人甚至违法乱纪，最终身陷囹圄……

对于生命来说，到底什么是最重要的？

不要到年老了，快要告别人世了，才知道之前的追求都没有意义；不要到了濒临绝境了，才知道什么是人生中最宝贵的东西。如果生活在给你不断增加包袱，你要学会自己减负！

从今天开始解脱。解脱从放下包袱开始！

“人生苦短”“人生几何”，既是古人铸写的佳句，也是自然界的客观规律。我们的生命本来就极其有限，何必再浪费在无谓的事上？佛祖释迦牟尼曾说：“大地一切众生，皆具如来智慧德相，只因妄想执着，不能证得。”放下人生的包袱，不要为妄想、执着与贪欲所扰，徒增人生的不如意。健康、幸福和快乐，需要我们自己去争取。

杨安解脱小秘籍

◆写下让你困扰的事，找个抽屉装起来，告诉自己已经过去了。

◆世间本无事，庸人自扰之。

◆不要想有多少事，而是做好手头的事。

◆困扰时，想想如果没有某物或某人，生活是否会有变化？

解脱，是对人生的一种态度

菩提本无树，明镜亦非台。本来无一物，何处惹尘埃。

——六祖慧能

有一句哲学名言叫做：“拥有就是被拥有。”即一个人“有”的越多，就越“不是”他自己。换句话说，一个人拥有的越多，越没有时间和空间来做“自己”，因为他的生命内涵分散了，最后反而会被拥有物所拥有，以至于会变成物的奴隶。

有个企业家某天因为工作问题非常烦躁。他踱步到窗前，看见一个人躺在大街上，靠着一辆平板车，睡得正香，而给他抵挡夏日毒太阳的，仅仅是板车旁的一点阴凉。企业家很纳闷，他问自己的助理：“那个人在这种情况下怎么还能睡得这么香呢？”助理看了眼窗外说：“想让他睡不着吗，很简单，给他10万元钱。”

本来这只是句玩笑，但企业家是个认真的人，他马上让助理给那个车夫送去10万元现金。同时自己继续在窗边观察。

他看到助理递给车夫一个不小的纸包，并跟他说了几句话。这下，那位车夫可真睡不着了。他拧拧自己的大腿，怀疑自己是不是在做梦，当他确信无疑后，接着就陷入了沉思。

毫无疑问，车夫开始琢磨了：这10万元该怎么花？买房？不够。买车？怕养不起。开店？没经验又怕亏本……大企业家看着车夫一会儿发呆，一会儿抓耳挠腮，连有人来喊他拉车都没心思回应。企业家微微一笑，若有所悟。

这个车夫意外地获得了一笔对他来说是巨款的横财，但是他却因此而变得患得患失，所以失去了原来的安适和平静。这个故事表面上看在讲关于得失的平衡，其实是在告诫世人，有什么并不重要，重要的是不要被你拥有的东西牵制。

试想，同样是10万元，企业家和车夫对它的态度是不一样的。企业家可以随便地将它送给不相干的人，而车夫会为怎样花钱而冥思苦想以至于影响正常生活。因为企业家不缺钱，10万元对他来说不过九牛一毛，而对车夫来说，10万元就是一笔巨款，他不得不认真对待。

所以，从这个故事，我们还可以悟出一个道理：人容易被自己所需要的人、事、物牵制。而所需要的，往往就是我们欠缺的。

比如，一个游戏人间的花花公子，对于美女的投怀送抱，不会太在意，因为他习惯了；而一个情窦初开的普通男生，可能美女只要对他笑一下，他就可以为她粉身碎骨。是花花公子的境界更高吗？不是，只是因为他不是那么迫切地需要美女，所以心态淡然。

或许，这样讲，我们更容易理解“无欲则刚”的深层含义。

因此，如果我们因为某件事、物、人而烦忧，归根结底，不是因为此事、此物、此人给我们带来困扰，而是我们面对他（它）的态度，困扰住了我们自身。

如果你稍微留心一下生活中的种种现象，就会发现：态度的作用无处不在，它直接决定了我们的思维趋向和生活方式。很多人之所以过得很不开心，不是因为他们的生活条件不好，而是因为他们看待生活的态度，让他们的心灵无法自由飞翔。而有些人也许看上去无权无势，无名无利，但却活得幸福滋润，是因为他们懂得解脱之道，能够适时调节自己的生活态度。

首先，不要去拥有一些不需要的东西。

这并不意味着什么都不必拥有，而是拥有我们所能掌握的，也就是现代人所讲的“返璞归真、简单生活”。

试着看一下我们自己身边，有多少东西是不需要的，却又一直存在于生活中？作家林夕曾这样反省自己：“我曾经跟随潮流，追买 Swatch 的手表，当时还贪婪到认为有可炒之道，什么纪念限量版本，会升值。结果那一两年内竟然拥有了接近两百只，你知道，如今手机已代替了手表，换句话说，手表已失去了实用价值，成为品位展览的艺术品，或是时装的一部分，即是可有可无。假如人一生每天都坚持戴表，两百只轮流戴，每只又可以戴多少次呢？怪不得李嘉诚永远只戴一只日本平价表，一定早已看透这个道理。”

生活必需品，多了就是负担。所以，改变心态，解脱自己，就从不要拥有多余的东西开始。

其次，不论什么时候，都保持乐观积极的心态。

关于乐观和积极对人的重要性已经不用多说，但是知道容易，做到难。人对于不相干的情况，比较容易从乐观的角度去看，但是常常一碰到涉及自身利益的事，就难免患得患失。而人一旦开始出现这样的心态，要想不自困是不可能的。

解脱之法很多，推荐一款心理学上比较常用而且效果较明显的，就是做最坏的打算，反而能够让自己不纠结于得失。比如上面那位得到 10 万元的车夫，如果他有这种自我解脱的意识，那么不论他想做什么，他只要想，我努力去做，最坏也不过就是把钱全赔掉，反正也是别人给的。那么也许，他还真能用那 10 万元开创一片新天地。

当然，如果能够经常提醒自己，遇事乐观积极，那么什么办法都可以。只要保证一点，不要让心灵被困扰！

如果条件允许，我们可以适当地修一点心理学或者自我催眠的课程。这是了解自己、直面世界的好办法，也是调整自己以最好的心态面对社会、面对生活的良药。

杨安解脱小秘籍

◆欣赏山水画中的“留白”，解读“有无”之对照。

◆每一月减少一种生活用品，一年之后会有意外发现。

◆有容乃大，无欲则刚。

解脱，就是放飞心灵，成为你自己

行也布袋，坐也布袋。放下布袋，何等自在。

——布袋和尚

你是你自己吗？

这句话看似无聊，但蕴涵一个深刻的哲学命题：我是谁？

你是谁？一个名字？一个身份？如果去掉这个名字、这个身份，你又是谁？

当然我们在这里不是探讨哲学，我们要做的是，将自己从无数外界的桎梏中释放出来，就是让每个人真正做自己。

现代人要扮演的角色越来越多。男人必须是孝顺的儿子、体贴的丈夫、严厉的父亲、优秀的领导、招之即来的修理工，甚至服务到位的按摩师，而女人则要是贴心的女儿、温柔的妻子、慈祥的母亲、优秀的烹饪师，甚至勤劳的小时工。人们因多重角色的扮演和巨大的生存压力，加上日益上涨的生活成本和复杂的社会关系，感到疲惫和压抑。

孩子也很累。作业、辅导、课外班，以及父母和老师的期望、社会的压力，让很多本该童真的心，过早地变得沉重。难怪有心理学家说，现在学校中的心理疾病有低龄化和普遍化的倾向。

生命，本该是美好的。作为人来到这世上一趟不容易，难道我们活着，就是为了每天蝇营狗苟地算计，满面愁容地抱怨，毫不留情地谩骂，强词夺理地互相指责？难道我们不想要和平安适的环境、相互帮助的邻里关系、其乐融融的家庭？

或许你会说，我想要，但是没有。

那么，能否先反问自己一句：我有获得的资格吗？

这样说似乎有些绕，请先看一个实例。

有个大龄女青年，是当下标准的愁婚剩女。有一次同学聚会后，她跟一位已经做了心理医生的同学抱怨，说自己以前太要强，凡事都像男孩子一样去争取，现在突然想开了，觉得女孩子不能太强势，否则该嫁不出去了。她说自己最大的愿望，就是寻一份离家近又不很繁重的工作，嫁一个体贴疼爱自己的老公，不需要名车豪宅，只想能耳鬓厮磨，踏踏实实地生活下去。可蓦地发现这个世界好像并不允许她如此一般，因为那个梦想中的男人似乎还远得不着边际。更可怕的是，她觉得若按照现状发展下去，甚至根本感觉不到与这个理想有任何接近的迹象。她想改变，却找不到方向。

她一口气说了很多，而一向善于言辞的心理医生选择先听着。因为这位女同学所谓的要求，其实一点也不简单。

等那位女同学倒完苦水后，心理医生反诘她道："如果我是你理想中的男人，我绝对不会愿意娶你。我奋斗成为那样的男人不是为了回过头来自贬身价娶个花瓶的。从你的眼睛里除了娇气与埋怨看不出任何其他东西。你的理想所匹配的能力只能是每天挤在熙熙攘攘的人群中忙着喘不上气的工作，愿意娶你的男人也只能与你平级，如此的物质条件根本不可能支撑起简单的生活，那只能称为平庸，还要时刻劳碌。要知道，好男人不是蠢男人，他绝不会傻到单纯为了性欲而如你所愿地视你如生命，而只会因你会激励他变得更出色而向你臣服。你只一相情愿地以为娇柔的女生才能让人疼，其实内心强大的女人才是真正让人尊敬和爱慕的。”

那位女同学顿时目瞪口呆。

这个案例曾被发表在网络论坛上，当时引起不少网友围观。探讨的热点基本集中在这个心理医生所提出的一连串的问题上。因为这些反诘，不仅适用于那位女同学，也适用于很多我们身边的人，不论男女。

不可否认，我们现在大多数人都是被社会的意识形态带着走的。固然，一个时代有一个时代的价值观，这很正常，但是过于标准化的生活态度就会让人成为观念的奴隶，到最后不知道自己为何而生活。

比如那位心理医生的女同学，她的所谓生活理想，其实只是一些模糊的、框架化了的概念，她甚至自己都不太清楚自己到底要什么。难怪她如此迷惘了。

这样的人在我们身边比比皆是。多少人一辈子忙于赚钱，到老却发现财富生不带来死不带去；有的人醉心权力、事业、成功，其实并不明白自己或许不适合创业，只是为了一点他人艳羡的目光；有人和不合适的伴侣别扭地生活在一起，只是为了一个家庭和美的假象……他们其实都活在被困的生命中，困住他们的是钱财、名誉、地位、虚荣……但归根结底还是他们自己。

人怎么样才能真正做自己？还是上面的那位心理医生给出了另外一个例子，很有代表性。

这对夫妻是她在网球场上认识的朋友。在经济实力上，他们比现在一般的富人只高不低，但极少有过度奢侈的行为，也不追赶时尚潮流。在有些富人朋友看来，觉得他们有些土，但他们只是说自己习惯过简单的生活。

其实简单的生活，也并不简单。更能体现这对夫妻心性自由的还是他们对生活的态度。他们都是乐于关照别人的人，比如约好下班后去打球，妻子经常会顺路去同伴单位接上同伴同去。

他们一家都是极有修养的人，丈夫脸上总是挂着真诚而轻松的笑意，妻子开一辆奔驰 E 系列顶配轿车，开车不紧不慢。夫妻间的关系也好得让旁人赞叹。

他们两个人的球技都一般，但并不影响他们打球的热情，反而会因自己的低级失误而打趣自娱。有次教练有些感冒，他们也细心地体察到了，便跑到后备箱去取来药品，让教练极为感动。

这对夫妇是现在社会上为数不多的一类人，他们活得简单而又幸福，拥有丰厚的物质基础，但是并不为其所困，而是自由地放飞生命。可谓难得。

当然，自由，并不是说要为所欲为，而是不要违背本性，让其他的东西牵着走。我们有句老话叫“人在江湖，身不由己”，人总难免有不能如意的时候，这不可悲。可悲的是不知自己要什么，人云亦云，等时间、精力都浪费了，才知道虚度了光阴。

所以，要想得到解脱，先问问自己的心：我到底要什么？

也许你会发现，其实之前一些让你很困扰的问题，都迎刃而解。

做真正的自己，没有什么方法和准则，唯一的标准就是了解自己，遵循本心。

再说一个实际生活中的例子：

某名校教师，30 来岁就拿到了特级职称。平时还是学校的文艺骨干，天涯网的著名写手，且有个人著作出版。总之，是一个被人交口称誉的优秀人才。但是她却正面临难题：某新锐教育杂志请她出任总编。杂志社很小，只有三人，很难说有正常的保障，而且在另外一个省份。

她咨询了一个很信赖的老师，希望老师能帮她排忧解难。老师听她说完各种理由，包括接受的、不接受的，只问了她一句："如果把所有理性的权衡利弊都抛开，你会选择什么？"

她说："我会选择去做杂志。"

老师说："这就是了。其实你面对现实条件这么差的工作，还会反复考虑，说明你心里是想要去做杂志的。而牵绊住你的，只是你之前获得的利益。因此你要比较的不是这两份工作的条件，而是这两份工作带给你不同的前途：稳稳当当在学校里过下半辈子，还是走一条未知的路，但更接近理想。"

她说："我明白了。"两天后，她抛弃了原来名校的一切，辞职远赴成都。几年后，她成为我国社会教育界的知名人士，活跃在语文教改的前沿。而这也正是她的理想。

举这个例子，不是建议大家都抛弃公职去走一条未知的路，而是希望世人在面对自己的生活，特别是一些人生重大决策时，既要考虑现实的各种因素，但也别忘了问问自己的内心。要知道，再美的鞋子，也是给人看的，穿在脚上如果不舒服，难受的可是我们自己！

杨安解脱小秘籍

- ◆对生活要做减法，不要做加法。
- ◆遇事，要权衡利弊，更要问问自己的内心。
- ◆让你不快乐的事，或者是你不需要它，或者是你还没有发现它的价值。

解脱，是真正意义上的大智慧

大智知止，小智唯谋。

——《止学》

我们经常夸某人聪明，但很少夸一个人智慧，因为聪明和智慧是两回事。简而言之，聪明是一种生存的能力，而智慧是一种生存的境界。

在现实生活中，不吃亏的是聪明人，他们善于保障自己的利益，而能吃亏的是智者，他们更注重其他一些东西。所以，我们能够轻易地发现一个聪明人，但需要真正用心，才知道一个人是不是智者。

聪明人往往能掌握很多技能，生活中只要机缘巧合，这些技能就能转化成财富和权力。但是财富和权力与快乐往往不成正比，快乐来自人心。因此，求才，聪明足矣；求脱离烦恼，非修智慧不可。

下面是两个相貌、能力都相差无几的女孩的故事。

两个女孩一起毕业，其中一个爱上的男同学虽然人品很好，但很穷，来自农村。这段恋情非常不被看好，可是她义无反顾地下嫁了，直到有了孩子，父母才勉强接纳了她的白马王子。

另外一个虽然没有嫁给有钱人，但也是逼迫未婚夫买了房子才出嫁。在出嫁的时候，她对好友的裸婚表示不解，即使好友依然靓丽动人。

十年后。第一个女孩和丈夫经营着淡然无争的家庭，两个人分别安心做自己的事。靠自己的努力，在居之不易的省城，过着平静而略有结余的生活。

同学聚会时，当年嫁入豪门的姑娘，谈论得最多的是老公的外遇。道理很简单，富有的男人吸引力大，一个花容凋零的女子，还能同围聚在家庭富有、事业如日中天的夫君周围的妙龄女子比拼吗?

可是第二个女孩并没有嫁入豪门，却也面临丈夫出轨的家庭危机。

朋友不解，特地找到她的丈夫询问。那位丈夫真诚地说："结婚前，她就逼我买房子，把父母的钱都榨干了，我感到好难过好累；婚后，又不断地逼我努力，努力买车、发财，我也是个人，我的感受她知道吗?"

这些话后来传到妻子耳朵里，她一听就哭了，说："不都是为了活得更好些，为了这个家吗？他怎么能这样想！怎么能这样想!"

毫无疑问，第一个女孩是个有智慧的女子。她的智慧之处不是在于选择所谓的"潜力股男人"，而是在于知道自己要什么样的生活，而且认真地过好每一天。而另一个女孩虽然也嫁了自己爱的人，却用虚荣和贪欲将这份爱消磨殆尽。这样的人也许看似很聪明，其实烦恼多多。

所以，聪明人多烦恼，而智慧者能活得云淡风轻。

想让自己少点烦恼，要先从自己做起。生命是一种过程，能够解脱的只有你自己。有一个禅宗小故事是这样说的：

一位弟子在定坐中，总是发现有只大蜘蛛在面前，让他怎样都无法静心。不得已，他去求教师父。师父说："这样，你准备一支笔。下次你再看到那只蜘蛛，就用笔在它肚子上画个圈。"

弟子照做了。

定坐中，蜘蛛果然又出现了。弟子拿起笔就在蜘蛛肚子上画了个圈。这下好了，蜘蛛消失了。弟子安心静坐。

等到他出定，让他吃惊的是，自己的肚皮上，正画着一个红红的圈。

弟子这才醒悟，定坐时的蜘蛛，其实是自己不安的心。

我们很多人就和这个弟子一样，今天烦恼这个，明天烦恼那个，看似理由很多，其实都是庸人自扰，都是自己给自己找麻烦。而解脱的智慧，就从不给别人找麻烦也别给自己找麻烦开始。

何谓不给别人找麻烦？简单说就是遇事多为别人想想。如果能养成习惯，也许在短时间内看不出成效，但时间久了，你自己就会觉得天地开阔，做人做事都很顺利。

而不给自己找麻烦，可能需要分析一下。很多人会说：我怎么会给自己找麻烦？其实，我们经常给自己找麻烦而不自知。

比如，你有为可能发生的事而忧心忡忡吗？而实际上那些事永远没有发生过？

一个小和尚每天早上都要清扫院子里的落叶。在冷飕飕的清晨扫落叶实在是一件苦差事，这让小和尚头痛不已。有个师兄跟他说："你在打扫之前先用力摇树，把落叶统统摇下来，这样明天就可以不用辛苦扫落叶了。"

小和尚觉得这是个好办法，于是使劲地猛摇树。他想，这样自己可以把今天跟明天的落叶一次扫干净了！于是一整天小和尚都非常开心。

可是第二天，小和尚到院子一看，和往日一样，还是落叶满地。

老和尚走过来，笑着说："傻孩子，无论你今天怎么用力，明天的落叶还是会飘下来啊！"

生活中，人们很容易和这个小和尚一样，企图把人生的烦恼都提前解决掉，以便将来过得更好。而实际上，很多事是无法提前完成的，过早地为将来担忧，只能让自己活得很累，剥夺本该属于自己的快乐。

所以，人要从无谓的烦恼中解脱出来，要懂得“活在当下”的智慧。

“活在当下”，就是要把你的心，放在你现在正在做的事、所处的地方、交往的人上，全心全意地认真投入、接纳和体验。

也许有人又会说，我现在不就是活在这些东西中吗？但是请想想，你有没有匆匆忙忙地吃饭、走路、工作，连休闲都马不停蹄？你是不是总是缺乏耐性，急急忙忙要达到下一个目标？你有没有觉得还有更重要的事情要做，所以不能把时间浪费在现在这些事上？你是不是会说“明年我要赚更多的钱”“以后我要换更大的房子”这样的话？你是不是上学的时候盼着工作，工作了以后又盼着退休……

这是我们大多数人的一生。

我们背着昨天的包袱，期望明天的幸福，却恰恰失去了今天的快乐。如果人只是将精力放在未知的将来，而对眼前的一切熟视无睹，那他永远也得不到解脱。或许人生的意义，不过是嗅嗅身边一朵花，看看天上飘过的云，享受一路的点点滴滴而已。所以，让过去成为过去，珍惜拥有，适当的时候停一停，不要为自己招惹无谓的烦恼，就是人生的大智慧。

杨安解脱小秘籍

◆不论你有多么忙碌，也别忘了看看蓝天和星空。

◆养成自己反省的习惯，可以减少很多困扰。

◆要有计划，但不要奢望有个完美的蓝图。

◆尊重生命中出现的变故，哪怕是你最不愿意看到的。

从改变自己开始的解脱之道

希望是坚韧的拐杖，忍耐是旅行袋，携带它们，人可以登上永恒之旅。

——罗素

只要是不甘于平庸、不满于现状的人，总会想着改变一些东西。但是如果我们努力了却觉得事倍功半，生活还是老样子，我们会很容易觉得现实太无奈，太不公平，再多的努力也是徒劳，而且渐渐地对生活失去了信心。更有甚者，就会愤世嫉俗，怨天尤人。

不幸的是，这样的情况在我们的生活中，经常发生。

其实有句话说得好：世界不会因为你的喜好而改变。所以，我们如果想要解脱，不能寄希望于让世界来迎合我们，而是应该先从改变自己做起。

在英国伦敦泰晤士河北岸的威斯敏斯特大教堂内，竖立着一座无名墓碑，上面刻着一段发人深省的文字，大意是：

当我年轻的时候，我雄心勃勃，想要改变这个世界；

可是当我历经了世事的沧桑后，我发现我根本不能改变这个世界，于是我将目光放短了些，决定只改变我的国家；

可是当我进入晚年后，我发现我根本不能改变我的国家，于是我决定只改变我的家庭和我最亲近的人；

但遗憾的是，他们根本不接受我的改变；等我到了风烛残年、即将奔赴黄泉之时，我才幡然醒悟：如果当初我先改变自己，也许在我的影响之下，我就能改变我的家人，然后，在家人的鼓励和帮助下，说不定我就能改变我的国家。然后，谁又知道呢？也许我连整个世界都改变了……

这段话广为流传，无数次被引用，因为它说出人生的一个真理：我们大多数人都曾试图改变世界，以期达到自己的目的，可到头来几乎枉费心机。因为我们不能自觉地先改变自己。

有人会说，那不是我的错，我为什么要改变自己。

的确，那也许真的不是你的错。可是你能改变得了吗？比如你所身处的环境。

有一个青年，在学校里面各方面都很突出。大学毕业后迫于家里面的压力，回乡做了一个山村小学的教师。因为不懂请客送礼，混得很不好。他不甘心，整天郁郁寡欢，抱怨社会的黑暗，骂领导有眼无珠。

有朋友说：你再气愤也无济于事，那领导该收礼的时候照样收礼，气坏了自己的身体，不值得！你可以试着改变自己的现状啊，考研、考公务员都行。

他一想，有理，于是准备考公务员了。他想，只要考上了公务员他便可以逃出领导的手掌心，不再受他的气。

很快，他通过了笔试，进入面试阶段。可是面试要所在原单位的组织部门开证明，而那位领导死活就是不开，说他还在服务期内。

这样的事，给领导送点礼应该就能办成，可是他又不愿意屈服。于是公务员这条路就这么断了。

之后他变得异常消沉，总感觉命运不公，无法改变现状。于是便在网络上发表一些抨击社会丑恶的文字，嬉笑怒骂皆成文章，没想到点击率异常高。继而，他迷恋上了写作，并且在网络上有无数自己的粉丝。

半年之后，他出版了专著。一年后，他辞去了教师的工作，专职写作，很快成为小有名气的作家。

这个年轻人是幸运的。他面对无能为力的现状，而且是试图改变环境而不得的情况下，意外地找到了另一条路。他解脱了自己，也创造了美好的明天。虽然他成为作家有点幸运的成分，但其实也是他在现实中碰壁后，潜意识里寻找其他方式的本能所致。

是的，人本性中就有改变自己以适应环境的能力，这不是随波逐流，而是顺势待发。就像水一样，柔弱但是难以阻挡，善于变形但不改本质。正如南宋诗人杨万里的《桂源铺》：“万山不许一溪奔，拦得溪声日夜喧。到得前头山脚尽，堂堂溪水出前村。”

那么为什么我们在生活中总有不如意之感，总觉得活得很艰难？因为我们在尘世中蒙蔽了生物的本能，我们被社会、被潮流带着，盲目地碰壁，无谓地追逐不需要的东西，又热衷于无聊的各种攀比。

所以，如果能够有意识地学会改变自己，不仅能够让很多事情变得清晰明朗，迎刃而解，更主要的是可以擦去心灵上的浮灰，能够让我们活得更自在，更自由。

有人问禅师：“什么是禅？”

禅师回答：“吃饭的时候吃饭，喝水的时候喝水。”

这个人听了非常不解。

禅师解释道：“现在的人，该吃饭的时候不吃饭，该喝水的时候不喝水，所以他们不懂禅。”

这是个很简单的道理，但很多人不能理解，就是因为我们在现实中蒙尘太久，久到对一些不合理的事情习以为常的程度。而改变自己，有时候碰到的阻力也在于此。

有一天，释迦牟尼佛给他的几个弟子讲了个故事：

有个商人娶了四个老婆：

第一个老婆既伶俐又可爱，陪在他身边，像影子一样跟随他（百般呵护）；

第二个老婆是他从外地抢来的，她格外美丽，让人羡慕（既想炫耀，又怕别人夺去）；

第三个老婆整天打理他的日常琐事，让他不用为生活操心（心安理得享受，却当人使不当人看）；

第四个老婆总是默默无闻地忙碌，但是他不知道她整天都在忙什么，他几乎忘记了她的存在。

商人要出远门了，旅途十分辛苦，所以他要选一个老婆陪伴自己。

第一个老婆说："我是不陪你的，你自己去吧！"第二个老婆说："是你把我抢来的，我又不是情愿嫁给你的，我也不去！"第三个老婆说："我不能忍受路途的风餐露宿之苦，所以我最多送你到城郊！"第四个老婆说："无论你到哪里我都会跟着你，因为你是我的主人。"商人感叹："到了关键时候还是我的第四个老婆好！"于是他就带着第四个老婆开始他的长途跋涉。

释迦牟尼说："你们明白了吗？这四个老婆就是你们自己！"

第一个老婆指的是肉体，人死后肉体要与自己分开的；第二个是指金钱，许多人为了金钱辛劳一辈子，死后却不能将它带走，无非是水中捞月；第三个是指自己的妻子，生前相依为命，死后还是要分开的；第四个是指个人的天性——心，你可以不在乎它，但是它永远在乎你，无论你是贫穷还是富贵，它永远不会背叛你，它永远跟随你。

改变自己不是个吓人的大工程，只要在生活的点滴中进行实践，慢慢地就会成为习惯，继而将成为性格，不经意地，你会发现命运其实一直在向你招手。人生不可能时时顺利，但我们可以做到事事尽心！

杨安解脱小秘籍

◆我们不能左右天气，但可以改变心情。

◆我们不能选择容貌，但可以展现笑容。

◆我们不能改变事实，但可以改变态度。

◆我们难以控制他人，但可以掌控自己。

◆我们无法预知明天，但可以从现在做起。

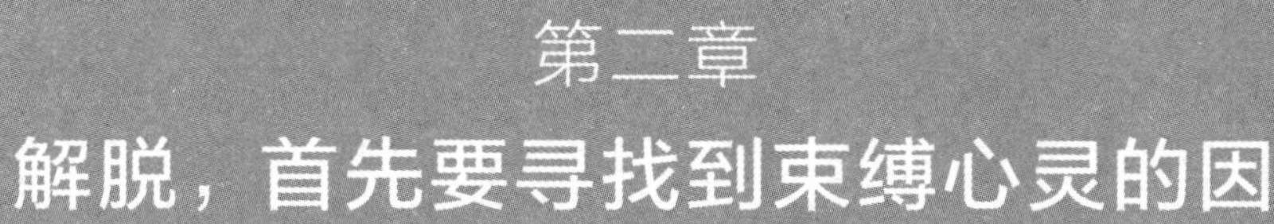

第二章
解脱，首先要寻找到束缚心灵的因

贪、嗔、痴、慢、疑为五毒。这五毒就是束缚我们心灵的五大原因。要解脱，就要先看看自己身上是不是有五毒存在，然后才好对症下药。

贪——贪爱五欲

贪婪和幸福既然从不见面，那又怎能彼此相识呢？

——富兰克林

什么是贪？贪与爱同体异名。“财色名食睡，地狱五条根”指的就是贪念“五欲”导致的恶业。五欲是指色、声、香、味、触五个能够给人带来享受的方面。因为以上五者能使人生起贪欲之心，故名五欲。

在生活中，也可以将“贪”泛解为财欲、色欲、饮食欲、名欲、睡眠欲等。简单地说，就是指想要得到那些超过自己生活所必需的东西。

比如，一餐饭，两菜一汤就可以吃饱吃好，但非要点一桌子菜胡吃海喝，那就是贪；一年买 10 件衣服就够穿了，但是非要买 100 件甚至更多，塞得衣柜里满满的，那就是贪；一年有 10 万元足够生活所需了，但是非要赚 100 万元、1000 万元，那也是贪。

一个人如果贪心太重，心灵就会被束缚，所以五毒以贪为首。因为沉沦于贪爱五欲的人，所欲远远超出了自己生活所必需，同时也就等于掠夺、侵害别人的生活权利和资源，把自己的快乐建立在别人的痛苦之上！这就是贪念造成的恶业！此业不消，心灵难求解脱。

以前有个富翁，家有良田千亩，妻妾成群，过得比皇帝还逍遥。可是他却不觉得开心。因为家里的妻妾、儿女整天为争家产吵嘴打架，搞得富翁很是为难。

一天下大雨，富翁独自在窗前烦恼。他想：为什么身边的人总是这样欲望无穷，争斗不休？难道天下就没有一个知足的人吗？

这时候，雨中走来一个乞丐，他向富翁请求让他在屋檐下避雨。富翁点头答应了。看着乞丐瑟瑟发抖地在廊下避雨，富翁打算在他身上做个试验。

雨过天晴，富翁问乞丐还有什么需要，乞丐不假思索地说，他要吃一顿饱饭。于是富翁叫仆人给乞丐准备了一桌酒菜，乞丐饱餐一顿。

等乞丐吃饱，富翁问他还有什么要求。乞丐说，他想好好睡一觉。富翁让仆人带乞丐去客房安歇。

等乞丐睡醒，富翁再问他还有什么要求。乞丐说，要是能穿一身像样的衣服就好了。富翁让仆人送上一套里外全新的衣裤。

富翁再问乞丐有什么要求。乞丐说，要是能长久地有一间房子舒服地睡觉就好了。富翁说："这间客房就归你睡，什么时候想来都可以。"

富翁还问乞丐："现在你还有什么要求？"乞丐说："要是能像您这样黄金万两家财万贯，该多幸福啊。"富翁说："好，我家银库里的金银你随便花！你还想要什么？"

乞丐说："要是能娶个媳妇，这一辈子才没白活了。"富翁想，饮食妻子，人伦之常，合理！就这样，乞丐结婚了。

过了数月，富翁再见到乞丐，看到乞丐长胖了，脸上保养得油光发亮。他问乞丐："你的日子过得怎么样，还不错吧？"

不料乞丐满脸不高兴地说："唉，老爷有所不知，俺那媳妇长得一点也不漂亮，俺和她一点共同语言也没有！老爷能不能……呵呵……"乞丐有点害羞地说，"能不能再帮俺娶个小妾，也不用貌美如花，标致点的就行……”

富翁先是惊讶，接着放声大笑，他终于明白了一个道理。他笑着对乞丐说：“你还是做你该做的事情去吧，我已经不需要你了！”富翁把乞丐赶出了门。

这个故事说明，人在本性里，对五欲的贪恋是无穷的，人到死也离不开欲望。命运总是在满足一个人欲望的同时，塞给他一个更难填的新的欲望。因此，人应该在欲望面前及时醒悟。正所谓饱暖思淫欲，说的也是这个道理。

固然，追求五欲的人也能得到感官的快乐，但这种快乐很短暂，而且需要不断地加强刺激才能保持。五欲满足，快乐似神仙，五欲不足，则拼死也要争得，于是，有人放下了礼义廉耻，甚至是冒了生命危险去争去贪。

我们看到世间爱财的人很多，贪恋美色的人更多，芸芸众生，执着名声，贪图口腹之欲，日常生活放逸懈怠，凡此种种，都是牵往地狱之诱饵！善导大师言：纵使千年受五欲，增长地狱苦因缘，此之谓也。

那么，如何才能从贪爱五欲中解脱出来，得到真正的宁静喜乐？首先我们要明白，欲望并不能带来真正的快乐，不论是追求之时、得到之时或失去之时，欲望本质就是苦恼。只有放下贪念，才有解脱的契机。

从前有个将军，平时喜欢收集瓷器。他有个最心爱的杯子，一有空就拿出来把玩欣赏。这天，他又把杯子拿在手中欣赏，忽然手一滑，杯子差点掉在地上，他吓出一身冷汗。

事后，这个将军觉得疑惑，就去问一个禅师：“为什么我平时身经百战，刀、枪都不怕，竟为了这个杯子而吓出一身汗？”

禅师说：“这都是为了‘贪爱’。有这份贪爱，就会有恐惧！”

将军恍然大悟。于是他毅然把手中最爱的杯子摔破了。

这个故事中的杯子，寓意着我们生活中的贪爱五欲。比如名车别墅、华衣美服、身份地位、资金产业……失去它们的时候，我们痛苦悲伤、牢骚满腹，甚至暴跳如雷、大发雷霆。得到它们的时候，其实无形中已经成为了它们的奴隶。当然，并不是说我们也要像这个将军摔杯子一样，对五欲敬而远之，而是要明白这是困扰内心的源头，是束缚内心的因，才好对症下药。

人人都有欲望。醉心于功利，便被“名缰利锁”缚住；对褒贬毁誉斤斤计较，必会患得患失。野心勃勃、贪得无厌，以至于争权夺利、钩心斗角，则必然伴随着烦恼焦虑、忧愁惊恐、嫉妒猜疑。重要的是要学会合理地控制自己的欲望，只有这样才能够获得解脱。如果对欲望不加限制任由其膨胀，那么最终会被欲望所吞噬，陪伴自己的将只有痛苦。

更重要的，人要学会自我解脱，而不是求人解脱。必须从内心认清“五欲”之毒，才能真正放下贪爱之心。不然，即使天天有高僧大德在身边开解，人还是会沉迷于色、声、香、味、触中。俗话说：佛门广大只渡有缘之人。又说：只有渡人成仙，没有替人成仙。都是指这个道理。

所以，从此刻起，发解脱愿，放贪爱心，慎取无需之物，善结世间缘！

修不净观，去贪爱心。

杨安解脱小秘籍

◆找到破除邪淫的目标。

◆致力于修行不净观，心无旁骛，破灭欲念。

◆守护根门，绝对不能欲望满身。

◆饮食适量，饱暖思淫欲。

◆亲近善知识，行善乃是戒除的最大根本！

◆听取有助于灭除欲望的适当言论。

嗔——嗔恚无忍

要是你无法避免，那你的职责就是忍受。如果你命运里注定需要忍受，那么说自己不能忍受就是犯傻。耐心是一切聪明才智的基础。

——柏拉图

何为嗔？一般人对“嗔”的了解是：发怒、生气等，比如“嗔怪”。但佛法中说“嗔”是于逆境的憎恶不能忍受。所以，相比之下，“贪”是对于种种顺境起贪爱之心；“嗔”是对于各种逆境起嗔恚之意，这样更容易理解“嗔”的内涵。

嗔恚之人，容易发怒，不能有效地控制情绪，碰到事情，往往来龙去脉还没弄清楚，就非常冲动，稍不如意，便暴跳如雷。这样的人适应能力低，对人对事缺乏安全感，现在我们常说的低感情商数（低EQ）、狂躁症、情绪抑郁及思觉失调等都市病，大都是由嗔恚引起。

嗔恚对我们的心灵伤害更大。有句话叫“火烧功德林”，就是指嗔恚让我们积累的功德都没有了。

安世高尊者是安息国（今伊朗）的一个王子，成就圣道后，他来到中国，在洞庭湖遇到他前生的同学。这位同学附在庙祝身上向安世高尊者忏悔，说自己生前虽然好修福报，但是不能止嗔恚之心，因为供养而犯下罪行，以至于成为湖边一个供养的庙神，而且很可能有下地狱之厄。

忏悔以后，他说，要将别人供养的珍宝、资具、衣服全部供养安世高尊者，作为弘扬佛法之用。安世高尊者要求他的同学现出原身一见，于是这个神现出相貌，原来是一条很大的蟒蛇。

尊者对蟒蛇说法后，蛇流着眼泪离开了。尊者将拿到的财物建造了一座寺庙，为蟒蛇修福。之后，有人在山西泽中，见到一死蟒，头与尾共有数里长。据说就是法行法师超脱后的遗蜕。

这段安世高尊者与法行法师的公案，在佛门广泛流传。法行法师明经施教，是一位精进的修行人，只因计较供养不均而生嗔恚心，殁后也堕畜道，成为大蟒。而我们凡俗中人的贪恚欲念更盛，如果不能寻求解脱，那么后果更加严重。

“嗔恚”两字经常连在一起，但略有区别：“嗔”是指马上发脾气，表现于外；“恚”是自己生闷气，对人事不顺眼、不高兴，就放在心里钻牛角尖，以致产生心理病态。

有时候，“恚”对人心的伤害，比“嗔”更甚。比如有的人容易发脾气，但发过了就算了，虽然于功德有亏，但还不至于酿成大祸。而“恚”就不同了，有些性格内向的人，气闷在心里，表面上看没什么事，却会时过境迁之后，越想越不甘心。这样，就在内心酝酿了种种恶业之因。

有位母亲，一直沉迷于赌博。儿子对此很无奈，不断地好言好语相劝，但是母亲屡劝不听。儿子不知该如何是好，劝到后来也很生气，又不能对母亲发脾气，便常常把气闷在心里。

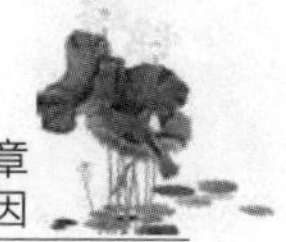

有一天，母亲又打算出门赌博。儿子再次劝阻无效之后，心头无明火起，顺手拿起水果刀朝母亲身上连刺了四刀，母亲当场死亡。出事后，儿子知道闯了大祸，于是写了四五封遗书，接着把门窗关上、缝隙塞紧，开瓦斯自杀。

还好，当天是周末，姐姐过来看母亲和弟弟，到家看到门口贴着一张纸条："家里开了瓦斯，不要开灯。"急忙开门进去，母亲倒在血泊中已经断气了。再跑进厨房，弟弟昏倒在地。姐姐赶紧报警，叫救护车。由于抢救及时，弟弟保住一条性命，但等待他的还有法律的惩罚和道德的审判，以及内心无穷尽的煎熬。

这场悲剧肇始于妈妈好赌，但是儿子为什么会闯下如此大祸？还是因为心中存有嗔恚。一个人，如果嗔恚积满心中，冲动一来，往往就按捺不住而做下后悔莫及的事。所以人生在世，要时时调伏自己的内心，凡事都看淡一点，有什么事过了就要想开，不要累积在心里，以免产生不好的结果。

或者说，每个人都知道不生气才好，但脾气来了的时候，要么是真的忍不住，要么忍住了，却又没法不往心里去，所以自己也很苦恼。到哪里寻求解脱之道呢？

应该说，能解脱自己的，唯有自己，别人是帮不上忙的。

这里提供几种自我解脱的办法，可以帮助人们放下嗔恚心，获得平安喜乐。

1. 修忍辱法

南传《法句经》说："于此世界中，从非怨止怨，唯以忍止怨，此古圣常法。"佛法中讲的"忍"，跟社会上讲的"君子报仇十年不晚"是两回事。"君子报仇十年不晚"是把嗔恨心深深地埋藏在内心，等待机会来报仇。佛门讲的忍辱是建立在因果观、慈悲观上，对待别人的侮辱（哪怕是无缘无故的）、加害，是以偿报和悲心来看待的。

白隐禅师的著名事迹，可以说明忍辱法的真谛。

日本的白隐禅师住在一个小镇里，镇上的居民都很崇敬他，很多人来向他学习灵性教导。

镇上有个很美丽的女孩，未婚，却被发现怀孕了。在父母的愤怒责问下，女孩招供说，孩子的父亲是白隐。

女孩的父母跑到白隐禅师处，大声斥责。禅师也不辩解，只是淡淡地回答："噢，是这样吗？"

这件事很快传遍小镇，白隐禅师一下子名誉扫地，他的禅寺也门庭冷落，但是禅师还是像往常一样生活，做功课，修行。孩子生下来后，那个女孩的父母把孩子抱来，对白隐说："你是父亲，你要抚养。"白隐接过孩子，淡淡地说："噢，是这样的啊。"

就这样，白隐禅师悉心照顾婴儿，孩子在他的抚育下长得很好。镇上的人都说，白隐虽然不是个规矩的禅师，但的确是个称职的父亲。

一年过去了，那个女孩终于不能承受良心的谴责，说明婴儿的亲生父亲其实是隔壁肉店的年轻人。女孩的父母非常后悔，他们向白隐禅师道歉，并且要求把孩子接回去。

白隐把孩子交给那对父母，还是淡淡地说："噢，就是这样的啊！"

白隐禅师所作所为，就像他的回答一样，所有一切都在当下这一刻，以它如实的样貌存在。每个事情都不是冲他而来，他不会是任何人的受害者。他与当下的事情如此和谐一致，所以任何事都不会影响到他。

所以，所谓忍辱，其实在于你怎么看待所谓"辱"。要知道，只有当你抗拒所发生的事，你才受制于它。细想想，那些所谓"辱"的事，真的那么值得让我们生气吗？想明白了这一点，也就无所谓“忍”得困难。嗔恚之心自灭。

2. 修舍得法

分析人们的嗔恚心，我们会发现，其实嗔的起源，大多在于我们平时太在乎自己的利益、面子、得失，所以即使是芝麻点的小事，为了自己的面子，也要和人一争短长。当遇世事多想想“舍得”之间的道理，能够帮助我们从嗔恚心中摆脱出来。

相传，清朝丞相张廷玉有一天接到家书，原来是家里人和邻居为盖房争地皮而起了纠纷。争的地皮也不大，不过三尺围墙，可是两家大院的宅地都是祖上的产业，时间久远了，本来就是一笔糊涂账，地方官也无法明断。所以张老夫人便修书北京，要张承相出面干预。

张廷玉看罢来信，当即作诗一首回复：“千里捎书只为墙，再让三尺又何妨？万里长城今犹在，不见当年秦始皇。”张老夫人收到回信，见书明理，立即主动把墙往后退了三尺。

邻家见此情景，深感惭愧，也把自己家的墙让后三尺。这样，两家的院墙之间，就形成了六尺宽的巷道，这就成了后世有名的六尺巷。

试想，如果张廷玉不是深明事理，真如家人所希望的，利用朝廷大员的身份争了这三尺墙基，可以想象邻人必然怀恨在心。作为低头不见抬头见的邻居，以后磕磕碰碰的事情少不了，弄不好还会结下仇怨。而自退三尺的处理办法，看上去好像是吃亏了，其实让家人和邻居都获得了生活的平静和心中的喜乐。

这个故事说明，人和人之间，遇到事情如果能相互谦让、相互谅解，就没有什么问题解决不了。嗔恚心也无从起！

3. 修禅定法

有些人要求解脱，也能够做到忍辱，看破舍得，但还是遇事起嗔心。或者当时能压下火气而不发作，但还是会心有不甘，这样看上去虽然是暂时调伏了嗔心，但不能保证心底真正的平静。

发生这样的情况，基本是由于我们的定力不够，所以，修习禅定也是调伏嗔恚心的方法之一。有定力的人具有冷静的头脑，先忍受心中的痛苦与不快，再能审察情势，检讨反省。经过层层观照，明了心念不再执着烦恼，所以嗔火就不再生起。

当然，修习禅定非一日之功，各家法门也颇多，这里就不一一介绍。

杨安解脱小秘籍

- ◆不论你多么生气，也请先静一静。
- ◆养成和他人分享的习惯，不论是物质还是精神。
- ◆经常换位思考，而不是抱怨。
- ◆怀平等心、慈悲心、感恩心。

痴——愚痴无明

世间最可怕的是什么？贫穷、饥渴、恐怖、绝望……其实，愚痴最可怕。

——星云法师

何谓愚痴？它是无明的同义词，为三毒之一。意指没有智慧，愚笨、无知、妄想、困惑等状态，唯识学将它列为人生的根本烦恼。简单地理解就是愚昧痴呆，不明事理。

愚痴的人，一生颠倒、邪见、恶行。轻者不但影响自己、影响一时，落人笑柄；重者影响他人、影响后世，遗臭万年。

关于愚痴的例子很多，如《百喻经》中的“愚人食盐喻”。

从前有一个愚人，到别人家去做客。主人准备了丰盛的宴席，但愚人却好像并不觉得好吃。主人就问：“看你好像不开心啊？是不是菜做得不好？”愚人说：“菜都做得很好，就是淡了些。”主人听罢，便另外为他添了些盐进去。

正所谓盐乃百味之首，愚人一下子就觉得菜好吃了！他尝到了盐的美味后，心中便想：“菜的味道变得这么美，是有盐的缘故。主人只加了少少一撮，便有如此美味，如果多加些，岂不更妙？”

于是愚人跟主人又要了些盐，全部加进自己碗里，开心地吃起来。只一口，他便口颤舌抖，甚是苦楚。

乍一看，似乎这个愚人非常可笑，其实我们身边执念于某一事或者某一理念的愚痴者不在少数。比如这几年养生盛行，有些人听说节制饮食可以养生，便断绝了饮食，或是断七日，或是断十五日，白白地使自己遭一番困饿，却对身体毫无益处，甚至还惹来其他病症。这跟拼命放盐以为能够得到美味的愚人没有区别。

愚痴是可笑的，像刻舟求剑、学鸳鸯叫、背门看戏、牛腹蓄乳这些故事，无不是在说明愚痴的可笑；愚痴也是可悲的，像杀子成担、削足适履、挖肉补疮这些故事，让人发笑之余，又不得不让人觉得悲叹，正如《阿毗达磨藏显宗论》所说：“痴谓愚痴，于所知境，障如理解，无辩了相，说名愚痴。即是无明、无智、无显。”

《坐禅三昧经》这样表述愚痴者：

愚痴人相。多疑多悔，懒堕无见。自满难屈，憍慢难受，可信不信，非信而信。

不知恭敬，处处信向。多师轻躁，无羞搪突。作事无虑，反教浑戾。

不择亲友，不自修饰。好师异道，不别善恶。难受易忘，钝根懈怠。

诃谤行施，心无怜愍，破坏法桥，触事不了。嗔目不视，无有智巧。

多求悕望，多疑少信。憎恶好人，破罪福报。不别善言，不能解过。

不受诲喻，亲离憎怨。不知礼节，喜作恶口。须发爪长，齿衣多垢。

为人驱役，畏处不畏。乐处而忧，忧处而喜。悲处反笑，笑处反悲。

牵而后随，能忍苦事。不别诸味，难得离欲。为罪深重。

如是种种，是愚痴相。

在现实生活中，愚痴者也比比皆是。好赌的人，以为自己只会赢不会输，这是愚痴；好战的人，以为自己只会胜，不知会败，这也是愚痴。

求财的人，一时泯灭良知，故而身陷囹圄，悔不当初，这是愚痴；弄权的人，一时不明利害，贪图所得，以至于晚节不保，这更是愚痴。

损人利己的人，只想到自己的利益，完全没有想到害人的结果，这是愚痴；刚愎自用的人，只想到自己出气，却不顾因此会伤害到处世的人和，这也是愚痴。

放眼世界，愚痴无处不在。商人“买空卖空”，想要投机致富，却鸡飞蛋打；妇女买了许多的衣服穿不完，反而要经常晒洗衣服，忙碌不堪；炒房客买了许多房子，住不了反而要经常打扫房子……这些都是愚痴。

愚痴比一般的犯错更加严重。人因为不知道而犯错，如同走路摔倒了可以再站起来。而愚痴却如同暗夜行走，不见光明，即使能见光明，也很容易掉进相同的坑里。所以要从愚痴中解脱，最重要的是认识愚痴的可怕。

愚痴不同于愚笨或者傻，后者是一种智力上的欠缺，而愚痴是一种心智的不足。所以，有些看起来很聪明很精明的人，反倒往往是愚痴者。因为聪明人对世界的诱惑更敏感，也更容易在社会中获得五欲，所以一旦起痴心，往往不可救药。

祇园精舍有位年轻的修行者，在同辈修行者间堪称精进之首。这天，他在前往舍卫城的途中遇见一个美女，不由得动了爱慕之心，而且最后相思成疾，卧病在床。

同参们得知情况，虽然同情他的相思，但也帮不上什么忙。看着年轻人的病一日比一日重，大家决定把这件事禀告世尊。

世尊知晓内情之后，对年轻的修行者说：“不必忧虑，好好吃饭休息，等你能起身了，我来帮你，你的愿望会实现的！”修行者闻言精神振奋，努力进餐，很快就恢复了健康。

世尊率领着这位年轻人和其他一群弟子赶往舍卫城的少女家。刚到门口，就听到屋里传来哭声，原来那少女在三天前已经过世了。尸体停在灵堂，已经面目全非，而且发出奇臭，让人不敢靠近。

世尊看着年轻的修行者告诫说：“这就是你迷恋的那位姑娘，现在成了这个模样。你应当知道万物无常、生灭变化、瞬息之间、迫不及待的道理。只有愚痴者才只看外表，不顾真实，才会因此而痛苦自伤。只有内心觉悟，才能冲破欲望的牢狱，彻底断绝生死的苦难。”

年轻的修行者顿生悔悟之心，他五体投地，向世尊礼拜。然后跟随世尊回到精舍，努力修习，终成正果。

我们虽然不必像这个修行者一样，见色衰而悟道，但在现在社会上，愚痴的人还是很多的，到处都是！真妄、邪正、是非、善恶，他们辨别不清楚——把善当做恶，把恶当做善，是非颠倒，真妄莫辨，这就是愚痴。有些人饱食终日，无所用心，对自己不负责，对生活也不负责，这就是愚痴。还有些人出生也没有目标，别人让他读书就读书，读了书就赚钱，为什么要赚钱？拿钱来享受。他的生命就是这样，去读书，去工作，然后赚很多钱。这样的人最后造很多的业力，这种人也是愚痴。

愚痴的人最可悲的地方，就是自己不晓得自己是愚痴的。如果他知道，他离解脱就不远了。

人生在世，我们难免会失去一些东西，像财产、名誉、感情等。很多人会因此懊恼、失望、痛苦。如果你是这种反应，就说明你是个愚痴者。如果是个智者，不会轻易因此而动心。

那么，如何明了自己是一个智者还是愚痴者？可以从以下几点来对比得出：

智者能看到自己的缺点和错误；愚痴者只能看到别人的缺点和错误。

智者会在别人的错误上获得启示；愚痴者会在别人的错误上继续犯错。

智者会时时在了解自我上下功夫；愚痴者会时刻在了解别人上下功夫。

智者了解自己，能看破自心虚幻；愚痴者不了解自己，随妄心颠倒的人是愚痴者。

……

当然，用来分辨是否愚痴的方法很多，以上比对只是很小的一部分。世间万象，愚痴者随时可能着相。因为内心有无明的病因，外界偶有触发，就会受三毒的感染。

杨安解脱小秘籍

◆经常亲近有智慧、有道德的人，听闻、修持、弘扬正确的教法。

◆精勤学习，博学多闻，同时乐于帮助、教导别人，不求代价。

◆有疑问立即请教师长或其他有智慧的人，不自以为是，不不懂装懂，不用固有的经验判断未知的新事物。

◆忏悔自己过去所造的愚痴罪业，决心从今以后不再重犯。

◆不轻视或讥笑愚笨的人们，善待身边的愚痴者。

慢——骄慢自大

君子无众寡，无小大，无敢慢。

——《论语》

何谓慢？“起高下心名之为慢。”彼下于我，我高于彼，如是高下胜负等心，是名为慢。

现在我们日常所说“骄纵”和“傲慢”，与佛教的“骄慢”有相似之处，但“骄慢”的内涵和外延更大，而且还具有深刻系统的理论依据和具体缜密的解决方法。

“骄”和“慢”都属于“烦恼”范畴，“骄”属于“十种小随烦恼”之一，“慢”则属于“六种根本烦恼”之一。所以，虽然“骄”与“慢”可以被看做两个概念，但由于它们的密切关联性，可以将“骄慢”合起来讲。

一般来说，人身上有三类骄慢。

第一类：在自己本来低劣的情况下，妄自认为比自己优胜的人更加优胜。

第二类：自认为比与已相等的人优胜，从而自高、自大。

第三类：自己本来于德、于才等都大大不如他人，而自认为只是小不如他人。

一个人的性格所表现出来的也就是个性心理特征。骄慢，就是一种不良的个性心理特征，不仅会蒙蔽我们的双眼，让我们看不到自己的不足，还会扭曲我们的心灵，让我们成为自苦自困者，无法解脱。

骄慢与谦虚是对立的，所以，《成唯识论》中说：骄“能障不骄”，慢“能障不慢”。人们一旦戴上了傲慢的高冠，给人的形象就是不谦恭。一个骄傲无礼的人，人们自然不喜欢见到他。

大家都熟悉这些平常用语，诸如，“虚心使人进步，骄傲使人落后”“骄兵必败”“不知而自以为知，百祸之宗也”等，都说明了骄慢确实为世人所讨厌。

在《易经》的六十四卦中，只有一卦是六爻全吉，这很特殊的一卦就是“谦卦”。卦文说：“满招损，谦受益。”满，通慢，即骄慢必然招致损害，谦虚自然受益。

有个孩子记忆力很不错，5岁不到就学了很多单词。母亲也以此自豪，经常夸奖孩子，也把孩子当做自夸的筹码。有时婆媳稍有口角，她就反复说：“我可是你们家的功臣，你看多么聪明的孩子。宝贝，你来告诉妈妈，花朵的英文怎么说？”孩子过来说了。婆婆觉得孩子确实聪明，也就不再吵架。形成习惯后，孩子无形中养成了骄慢的习气，自认为非常了不起。

有一天，母亲带孩子回娘家，见了孩子姥姥就夸：“这个孩子可聪明了，他背了很多的单词，记忆力很好，不信你考考他。”

姥姥就问了：“伞怎么说？”孩子说：“umbrella。”“书怎么说？”“book。”“那书桌怎么说？”“desk。”她问了很多，孩子都对答如流。姥姥确实觉得不错，正打算夸孩子，不料孩子突然反问道：“姥姥，地板怎么说？”

姥姥从来没有学过英语，自然回答不出来。结果这个孩子就当着大家的面，说：“姥姥，你可真是个白痴！”一下子，一屋子人都惊呆了。

这个孩子比同龄人多学了一些英语单词，这本来是好事，可是做母亲的过度夸大孩子的优点，反而让孩子产生了不良的骄傲脾气。所以当面对一个不会英文的人，不论这个人是不是长辈，是不是也该懂英语，骄慢自大的情况自然而然就出现了。

如果说小孩子出现骄慢只是不懂事，那么成人的骄慢就是一种心灵上必须除去的杂草。一个人内心充满骄慢的话，会以无数的方式出现——如心胸狭窄、种族歧视、脆弱、害怕被拒绝、害怕受伤害、麻木不仁等。

一个人第一次去美国旅游。出国前，他听说国外要给提供服务的人小费，这是规矩。于是当他提着行李走进酒店时，转手就递给替他推动旋转门的门童十美元。

陪同他的朋友很吃惊，连门童都有点惊讶。过后，朋友告诉他说，这样的门童给他最多一美元就好了，但这个人不以为然。他觉得出国就要炫耀自己，而且还很得意地跟朋友说："你看，你们美国人就没这么大方。"朋友耸耸肩表示不理解。

第二天，朋友来看他，很吃惊地发现他正和一个小贩在讨价还价。而他们讨论的对象只是一件五美元的T恤。朋友再次表示不解，而这个人却很理所应当地表示：这会儿又没有人看见，争一分是一分。

这个人看上去是有点虚荣，其实根子上还是骄慢作祟。他缺乏最基本的尊重人和跟人平等相处的心态。当他给门童小费时，并不是感谢他的服务，而是为了表明自己是个绅士，而且是个比本地人更大方的绅士；当他跟小贩讨价还价时，这种性格就更明显。所以这个人所做的一切，都是为了自己骄慢的需求。

《成唯识论》中说：慢以"生苦为业"。业，这里意为作用。产生痛苦，这是慢的作用。骄慢，本身会产生负面作用，甚至造成痛苦的结果。有位高僧大德，讲过这样一个关于骄慢的例子：

高老先生和高老太太在看电视剧，突然高老先生说：

"这个电视剧编得太差了，我来编剧一定比他强！"

高老太太对高老先生说："你大学文凭都是假的，还会编电视剧？"

高老先生最忌讳说他"大学文凭是假的"，现在一听老伴这么说，本来看电视剧的时候已经憋了一肚子气，现在听这话更生气，于是大声地说："我明天就编给你看……"

高老先生话还没说完，就一头栽倒在地。高老太太连忙叫人将他送到医院急救。医生说高老先生是因为血压上升，脑血管堵塞！虽然抢救及时，人无大碍，但受的折腾也不小。归根结底，还是骄慢造成的祸。

虽然骄慢的表现很多，但有个非常关键的表现，可以帮助人们分辨身边的骄慢者，也可以自我衡量：我是不是有骄慢心。

这个表现就是：骄慢的人，肯定不是一个尊重人的人。特别是有的人平时看上去彬彬有礼，但是一旦涉及他的专业，或者他比较熟悉的领域，就表现出不可逆转的强势，甚至不能容许其他不同意见，那么毫无疑问，此人必怀骄慢之心。

骄慢是解脱的大敌，有骄慢心的人，无法走上解脱大道，到达涅槃彼岸。所以，“为解脱故”，必须戒除骄慢。

如何铲除这座“骄慢大山”？佛说：“汝等比丘，当自摩头，已舍饰好，着坏色衣，执持应器，以乞自活，自见如是。若起骄慢，当疾灭之。增长骄慢，尚非世俗白衣所宜，何况出家入道之人，为解脱故，自降其身而乞耶。”

这段经文说明了两个方面的道理：

1. 自我反省是去除骄慢的途径

人之所以骄慢，是因为人不明白自己。不仅是普通人，就算是一些聪明者、伟人、修道人，也会有骄慢的时候，而就在那一刹那，人就迷失了自己。“得意忘形”这个成语，就是这么来的。

但是，人一旦真正认识了自己，也就不容易骄慢了。所以佛告诫弟子，“当自摩头”，明白自己是个修行人；看身上“已舍饰好，着坏色衣”；看手中“执持应器，以乞自活”。从这三样最容易看到摸到的地方下手，当下便找到了自己，明白自己的身份，“骄慢当疾灭之”，骄慢很快就被消灭了。

如果不是佛门弟子呢？也可以根据这段经文来类比：每天看看镜子中的自己，去掉世间的繁华浮饰，回归自我本身、本心。找到自己，明白自己的身份，就不难从骄慢的困境中解脱出来。

2. 不敢骄慢是解脱正途

出家人为什么要乞食？是为了降低身份，为了去除贪心，也就是为了消除骄慢。佛陀舍弃王位出家，托钵乞食，“自降其身”，自动放弃社会最高阶层的太子身份，其中一个意义也就是为了去除骄慢。而僧人托钵乞食的传统，在现在的东南亚一带还有保留。

有一菩萨名常不轻，他的名言就是“我不敢轻慢”。当时，有比丘、比丘尼、优婆塞、优婆夷四众人等“计着于法”，理论多于实践，或光有理论没有真修，沉迷于纸上谈兵滔滔空谈。而常不轻凡遇见“比丘、比丘尼、优婆塞、优婆夷，皆悉礼拜赞叹”，并且说“我深敬汝等，不敢轻慢”。

常不轻不仅这样，还前往各地向以上四众礼拜赞叹，“而作是言：我不敢轻于汝等，汝等皆当做佛”。他最终修成了释迦牟尼佛。

生活中，我们未必人人都要成佛，但修谦恭法门，时时提醒自己不敢骄慢，可以帮助心灵解脱束缚，让生活更加平安喜乐。这也是显宗佛法对世间法的一种指引。

杨安解脱小秘籍

- 多看他人的长处，多想他人的好处。
- 如果发现心中起了轻慢之意，一定要忏悔。
- 藏拙，莫弄巧。
- 一个人的伟大之处，在于认识自己的渺小。

疑——狐疑猜忌

不自见，故明。不自是，故彰。不自伐，故有功。不自矜，故长。

——老子

疑，从心理学角度来说，是一种因为不信任而产生的狐疑猜忌，区别于学术领域的怀疑精神。后者是一种求学的研究方式，而狐疑猜忌是一种心灵的不健康表现。佛门将“疑”作为修行的最大障碍，也是人生的根本烦恼。甚至可以说，哪怕一个人不贪、不嗔、不痴、不慢，但只要心中有了疑，那么这一分疑就是心灵解脱的严重障碍。

有个学生向禅师求解：“为何‘疑’是求佛的大忌?”

禅师泡了一壶香茶，给他倒了一杯。在学生刚要喝的时候，禅师拿出一颗粗盐放在杯中。学生无奈道：“可惜了这杯好茶。”

禅师说：“‘疑’就是这颗盐。”

学生还是不能悟。禅师只得解释道：“譬如这个茶杯盛的是醍醐，满满一杯醍醐，醍醐是最好的饮料，而如果里头有一滴毒药，就那么一滴，你这一杯醍醐就全部都变成毒药了，你喝一口都要死亡。这就是说，如果你百分之九十九的求佛信念中，只要有一分是疑，那就是一滴毒药，你那九十九分信念都破坏掉了。”

学生终于明白了。

这个禅师讲的虽然是学佛的理论，但对于生活中每个人都有启发。不论什么事，如果一旦“疑”，那所有的一切都会呈现不同乃至相反的状态。

比如本来一对恩爱的夫妻，因为“疑”，变得彼此猜忌，最后劳燕分飞；很好的朋友，因为“疑”，反目成仇；血浓于水的亲人，因为“疑”，骨肉分离；合作的伙伴，因为“疑”，分道扬镳……

有个高三男生跳楼自杀了，检点他的遗物，发现男孩自杀前的最后一页日记上这样写着：“妈妈竟然在我把包送过去之后，看了看里面的卡，还数了数里面的钱！她竟然不相信我！世界上最疼我的人、我最爱的妈妈竟然都不相信我！我真不知道活在这个世界上还有什么意思！”

原来，这天母亲来儿子宿舍，走的时候把包落在儿子的床上。

母亲到家后才发现包不见了。给儿子打电话，儿子说刚好下午没课，他把包给母亲送过去。母子俩约好在一家饭店一起吃晚餐。

儿子在寒风中赶到饭店门口，母亲接过包，一边扭身带着儿子往里走，一边打开包，拿出钱来边走边数。

儿子突然停下脚步，生硬地说：“妈，我才想起来晚上还有自习，我先回去了。”说完转身就消失在风里。母亲虽然有点惊讶，但也没太往心里去。

午夜，母亲接到了校长亲自打来的电话。她匆匆赶到学校，看到的已经是儿子冰冷的尸体。

关于这个悲剧，还有个背景：这个男孩4岁的时候，父亲在车祸中丧生。母亲一直没有再婚，独自将儿子抚养长大。儿子从小和母亲相依为命，感情一直很好。这也是儿子对母亲的怀疑比一般人更敏感的原因。

或许有人因此责备孩子心理承受能力太差，连母亲一个无意的动作都闹出人命。但从深层分析，其实还是由于狐疑猜忌：母亲一个习惯性的动作，固然反映了母亲的疑心，而儿子看到母亲的动作，居然没有任何求证和分析，就断定母亲不信任自己，其实也是对母亲的怀疑。

所以，在生活中，最容易被“疑”所伤的，往往不是外人，而是我们身边最亲近的人。

狐疑猜忌不仅是人和人之间相处的大敌，更是束缚人心灵的枷锁。一个有疑心的人，即使不伤害别人，也会将自己搞得疲惫不堪。

有个人丢了一把斧子。他怀疑是邻居家的孩子偷的，就暗暗地注意那个孩子。他看那个孩子走路的姿势，像是偷了斧子的样子；他观察那个孩子的神色，也像是偷了斧子的样子；他听那个孩子说话的语气，更像是偷了斧子的样子。总之，在他的眼睛里，那个孩子的一举一动都像是偷斧子的。于是，他开始绞尽脑汁想怎样跟邻居开口，或者直接跟孩子交涉，好几天都没睡好觉。

结果几天后，他在地头一个土坑里发现了斧子。原来是他自己遗忘在土坑里了。回家后，他再看邻居的孩子，就丝毫也不像偷过斧子的样子了。

这个人因为自己心中的“疑”，所以看别人也是心的折射，这就是“疑”最让人难以解脱的地方。要解决这个问题，只要有一剂药就足矣：信任。

很多人都说这是个信任危机的时代。的确，我们生活的空间充满了各种欺骗，但这不能成为我们怀疑一切猜忌一切的理由。有个关于怀疑国的寓言，很好地说明了这一点。

以前有个叫“怀疑国”的地方，那里的人们生活很富裕，但他们彼此之间从不信任，只会互相怀疑。

比如，一位妇女在水果摊前买水果。妇女说：“老板你这水果不新鲜，卖便宜点吧。”老板说：“你这是狡辩，我的水果可新鲜啦，说不准是你故意说不新鲜，让我卖便宜点儿！”妇女说：“你肯定在说谎，故意说你的水果新鲜，让我买这又贵又不新鲜的水果！”……

这样的情况在“怀疑国”司空见惯。

一天，一对好朋友来到“怀疑国”里游玩，在经过森林时，其中一位不小心落入了猎人的陷阱，另一位连忙跑出森林去求救。

一个小时过去了，朋友还没有回来。这时，一位老人经过陷阱旁，陷阱里的人连忙求老人救救他。

老人摇头说：“我才不救你呢！谁知道你会不会把我也拉进陷阱里！”

无论落入陷阱的人怎么解释，老人都不愿意救他，最后落入陷阱的人说：“好吧，既然您不愿意救我，我相信我的好朋友会来救我的！”

老人说：“我看你的朋友早把你扔下自个儿跑了！”老人的话刚说完，求救的那位朋友拿着绳子回来了。他把落入陷阱里的朋友救了出来，两人开心地拉着手离开了。

这件事后来被老人当做奇闻讲给别人听，慢慢地传到国王耳朵里。国王开始思考信任的意义。因为他一直不明白为什么国民如此富有却不快乐。后来，他下令将“怀疑国”改成信任国。国民的生活也和睦、幸福多了。

这个寓言中的怀疑国，跟我们身边的很多情景都颇相似，因此我们也可明白，为什么现在的人活得如此不快乐，为什么我们的心灵无法得到解脱，归根结底是我们心中有疑，在生活中总是狐疑猜忌。

有的人也许会说，现在到处都是欺骗，不怀疑怎么行呢？其实“疑”也是一种双向的互动。就是说，当你用狐疑之心待人处世，收获到的也会是外界反馈回来的猜忌。而如果用信任的态度对待人和事，虽然不一定能保证都收获相同的信任，但至少传递了信任的力量。这也就是我们现在常说的“正能量”。

佛法并不高深，修行，其实就是修于行止，就是在日常生活中，在一言一行中求身心的解脱！

杨安解脱小秘籍

◆怀疑并不能保护自己，反而会让人失去他人的信任。

◆再高明的演技也无法掩饰心中的猜忌。

◆如果无法确定，不妨先选择相信。

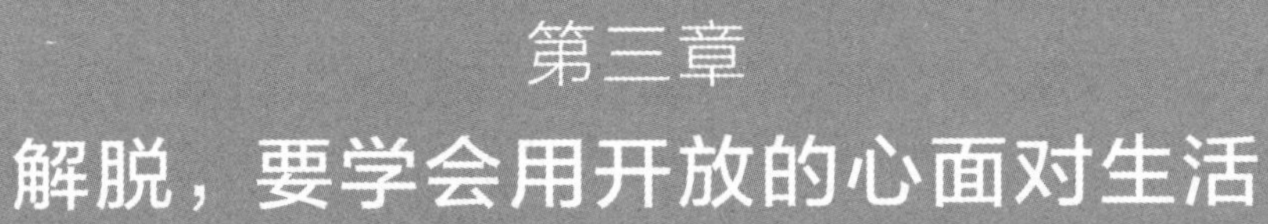

第三章
解脱，要学会用开放的心面对生活

人最大的敌人就是自己。如果总是无法解脱，那就是我执太深，以至于心灵被困在自我中。少点自我，就少点烦恼。所以人生在世，要用开放的心面对生活，不要跟自己过不去。

少一点自我，就会少一分固执

心有一切有，心空一切空；心迷一切迷，心悟一切悟；心邪一切邪，心正一切正；心乱一切乱，心安一切安；一切为心造，无心自解脱。

——圣严法师

我们所处的世界是多维的，相同的事物，不同的人看会有截然相反的结论。如果一个人总是只看到一个维度，永远只有一个角度，难免会钻进死胡同。这样的人，往往就被称为：固执。

固执是一种坚持己见、不懂变通的心理现象。如果严重的话，将成为一种偏执型人格障碍。这类人敏感多疑、好嫉妒、易冲动，很容易与身边的人发生摩擦。其实固执的人，往往自己内心非常苦闷，却又无处排解，以至于严重影响身心健康。

以佛法来讲，固执也可以叫"我执"，一切以自我为中心，而且非常在乎自己的利害得失。这种人不仅在乎自己的存在或者不存在；还在乎别人对自己的想法，对自己的价值判断，也会非常希望别人认同自己。对于自己所关心的人，自己也会非常在意，在乎那个人到底是个怎样的人，在乎他身上发生的事，在乎他的一切。

这是一种非常痛苦的病症，因为这样的人，他的精神一定经常处在紧张状态中，没有办法放松休息。不仅让自己非常紧张，还会让身边的

人也跟着很紧张。

有个50多岁的女居士，将母亲送到敬老院中去了。身边的人都责备她不孝顺。因为她早年丧父，母亲一直未再婚，而是和女儿相依为命。可是，女居士也有自己的苦处。

原来，多年寡居的生活，让她母亲变得非常固执。这种固执不仅体现在生活上的独断，更严重的是她对女儿的控制。女儿上学、工作、结婚都是母亲一手包办。后来这个女居士离婚，女儿跟母亲住在一起，母亲像照顾婴儿一样宠着、管着女儿。现在，女儿都已经50多岁的人了，她的母亲还是把她当小孩子看。比如，她如果出门一两个小时，却没有打电话回家，母亲就会到处打电话找她。一次两次，邻居朋友会夸赞女儿有个这么爱她的妈妈。每次都这样，难免让身边的人不堪其扰。

类似的事情太多，让女儿不知该如何是好。她也尝试跟母亲沟通，但是母亲根本不理会她说的。最后，女儿只好选择跟母亲保持一定的距离，也希望在敬老院里，有一群年龄差不多的老人一起生活，会让母亲的心放开，不要那么固执。

生活中这样的事情其实很多。固执的可怕之处，就在于固执者不认为自己是固执的，或者不认为固执是一种过于自我的表现，是一种不好的心理状态。比如一个男孩子非常爱某个女孩，但那个女孩真的不爱他。可是怎么解释，那个男孩就是不肯回头，还是穷追不舍，并且自己给自己打气，说执着的人一定会有回报，坚持到底必然胜利。这个男孩就属于不知道自己固执的人。

的确，从表象上来看，固执和执着的表现非常接近，而实际上，固执和执着有非常大的差异。简单说，就是固执者膨胀自我扭曲事实，执着者心怀宇宙遵循真理。

比如那个驾车去楚国的人，本来应该要向南方行驶，他却往北而去。别人为他指明正确的方向后，他还是坚持原来的方向，这就是固执。但丁的名言：“走自己的路，让别人去说吧。”本意是要人们坚持真理和执着追求真理，却往往成为固执者坚持己见的借口。

“自我”二字，是分辨固执和执着的试金石。“德不孤，必有邻”，如果你坚持的是真理，如果你的心胸是开放的，总会有人和你站在一起的。就像那个著名的传说“愚公移山”。

如果面对大山，愚公只是一个人在做，那么他很难实现目标。但愚公没有，他发动了全家甚至全村人，因为执着可以感染他人，固执却让他人嗤之以鼻。所以，当愚公说出要穷几代人的努力来搬走大山的计划时，他并不是盲目的。因此，他成为执着的典范，为后世敬仰。反之，固执者或者被时人唾弃，或者成为后世笑柄，这样的例子不胜枚举。

要放下固执，获得心灵的解脱，首先要打开心门，让自己成为一个开放的人。

有个少年请教一位智者：“我如何才能成为一个自己愉快，也能够让别人愉快的人?”

智者说：“我送给你四句话。第一句话，把自己当成别人。”

少年说：“这是说，在我感到痛苦时就把自己当成别人，痛苦就减轻了，当我喜悦时把自己当成别人，喜悦将变得平和中正。”

智者点头，接着说：“第二句话，把别人当成自己。”

少年说：“如此就可以真正同情、理解别人的需求，在别人需要时给予恰当的帮助。”

智者继续说：“第三句话，把别人当成别人。”

少年说：“如此是要尊重每个人的独立性，在任何情形下都不可侵犯他人。”

智者说："第四句话，把自己当成自己。"

少年说："这句话的意思应该是指要观照自身，避免陷入我执？"

智者说："你的理解是对的，但还不算全面。因为完整的答案，要靠你自己用一生的经历和时间去谱写。"

每个人都希望过幸福快乐的生活，可是固执、贪欲会让心性迷失，并且滋生出乖戾、嫉妒、傲慢等不良的情绪。也有人一味追求物质，贪图享受，或者崇拜权力权威，这些都是一种枷锁，是人不能放飞心灵的桎梏。要知道，不论铁链还是金链都是一种锁链。

解脱之道，其实也不难，甚至无须抽出专门的时间，在日常生活的细节中就能做到。

比如，养成换种角度看待事物的习惯，可以从广泛的联想开始。

试想，手机是用来打电话的，但必要时还可用来攻击强盗保命；厚棉被是用来御寒的，但在高温超过体温时，它还可以用来隔热保命；钢笔里面的墨水是用来写字的，但在缺水的情况下，那几滴液体可能就代表一条生命……再扩大些范围，到身边的人或者事上，慢慢地，你会发现，面对的世界是如此丰富多彩。

学习也是解脱之道。一个人知识越少，懂得的事理越少，自然越封闭，越固执。反之，知识越多，可能越开放、宽容。海纳百川，因为大；杯水易溅，因为小。固执的人，几乎都迷信自己所认为的东西，在自己的世界里，一切都服从于自己的意志。为了从这种迷信中解脱出来，持续不断的学习必不可少。"学然后知不足"，一个能不断学习、终生学习的人，很难不用开放的心灵面对世界，我执也就随之消散了。

杨安解脱小秘籍

◆少一点自我，多一点慈悲心。

◆少一点自我，多一点奉献心。

◆少一点自我，多一点体谅心。

◆少一点自我，多一点忍耐心。

小小的自我是大大的烦恼的根源

“苦的根源就是‘渴爱’，与强烈的贪欲相缠结。”

——《佛陀的启示》

人为什么会有烦恼？诸多是非烦恼，归根结底，大都是因为眼耳鼻舌身心“六根”不当向外追逐“六尘”招来的。

生气，是因为自己不够大度；

郁闷，是因为自己不够豁达；

焦虑，是因为自己不够从容；

悲伤，是因为自己不够坚强；

惆怅，是因为自己不够阳光；

嫉妒，是因为自己不够优秀。

……凡此种种，每一个烦恼的根源都在自己。

所以，人之所以会有烦恼痛苦，皆因有“我”；“我”是烦恼的根源，“我爱”“我要”“我欢喜”，凡事只想到“我”的需要，就容易与人对立、冲突，因此我多则苦多，我少则苦少。这个小小的“我”以各种形式表现为渴求、欲望、贪婪……就是生起一切烦恼痛苦的根源。

一位得道的禅师，经常给弟子讲一件自己还是小沙弥时的故事：

当时我有三个师兄，师兄们每天都是默默地做事，从来不多说话。

我那时却总是想引起大家的注意。扫过地后，就会去对师兄们说我扫了地；挑完水，也会去对师兄们说我挑水了。其实我只是想让师兄们夸我几句，可师兄们都不怎么理我。

因为我长得快，师父破例多给了我一件新僧衣。我很高兴，特地跑到师兄们跟前，想让他们羡慕一下。但是师兄们跟以前一样，居然都跟没看到似的。穿上新衣服的快乐一下子就没有了，我那天一直闷闷不乐的。

做过晚课，我忍不住去找师父。师父问我什么事，我说："师兄们眼里都没有我，平时就不怎么理我，今天连我穿了新衣服，他们都跟没看到一样。"

师父说："他们认认真真地干他们的事，哪里会注意到你的新衣服呢！一个人，不要太在乎自己了，把自己看得太重要，结果就只能让自己烦恼，也让别人失望啊！"

我有点明白了。之后，我也学着师兄们的样子，放下自我，认认真真做自己的事，果然一路精进。

这位禅师后来成了这个寺院的住持。他在禅房里的墙壁上写着：一个在乎自己的人，别人往往不在乎他；一个不在乎自己的人，别人往往很在乎他。

红尘中人，当然不是佛门禅师，但是类似的事情却屡见不鲜。世间有很多烦恼都是自找的，比如"杞人忧天"，为一个不存在的可能烦恼了许久，结果却什么事也没发生。更多的人是因为一些小事关系到自身，怎么都看不开，越想越烦恼，结果误己伤人。

如何解脱这种因为自我而产生的无谓烦恼？佛经云："烦恼即菩提。"也就是说，如果你越是烦恼，就越是容易觉醒。欲是生死轮回的根本，也是解脱轮回的捷径，前提是有正确的引导。沉沦，或者从此解脱，都在一念之间。

这里有一个催眠师通过观照法门，帮助病人找出烦恼的根源并且重获新生的案例。

这是个30多岁的女人，美貌，丈夫体贴，女儿活泼可爱。但她的夫妻关系很不和谐，以至于发展到一回到家就恐惧，心神不宁。多方求医未果后，抱着试试看的心理，她拜访了催眠师。

在催眠中，她说自己并不爱丈夫，只是为了找个人嫁，觉得这个男人挺可靠，才结婚了。他们从蜜月开始就在吵架。

催眠师让她继续追溯，为什么要找个人嫁，这么迫切？她说是因为想摆脱和单位领导的关系。她不想成为“小三”。

催眠师问：“难道你没有男朋友吗？”

她说，有的，而且很多。可是没有一个是自己喜欢的。

催眠师又问：“难道一个喜欢的都没有吗？”

在催眠师的引导下，她终于打开心扉，回溯了初恋：所谓初恋，其实只是一个心仪的男孩拉了她的手。她觉得那是关系确定的表示，但那个男孩说，那不代表什么，而且他已经有女朋友了。

她觉得很受伤，就用乱交男朋友来发泄内心的怨恨，其实那些男人她都不喜欢。

工作后，领导很喜欢她，她开始并不在意，后来却发现自己真的爱上了他。但很显然，领导无法娶她。所以为了摆脱困境，她匆匆结婚，婚后生活当然也难以美满。

症结找到之后，让她再次体验初恋时的感受，她说感觉胸口很痛很难受，觉得自己已经不再纯洁了。被拒绝后，觉得爱情也不再神圣了，觉得男人不可靠。

催眠师引导她停留在那一刻，让她认真观察自己胸口痛的时候。发现当时胸口有一股气，令她难受和痛苦。再看这股气是什么时候产生的？被拒绝之前并没有，平息之后也没有，只是在被拒绝时才冒出来的。所以这股气，不是永恒的，是一时的。

再试着把那股气拿开，她立刻就不痛苦了。所以，自己本身并不痛苦，令她痛苦的只是那股气。

然后，催眠师引导她进入想象，假设那个初恋男孩在眼前，有什么话要对他说？

她想了想说："应该感恩，他教会了我坚强……"

再问，对以前的那些男朋友呢？

她说："对不起，其实我并不喜欢你们，只是用你们来填补心灵的空虚。"

再问，对那个纠缠她的领导呢？

她说："感恩，他让我明白了，对一个人可以从不爱到深爱，爱是可以转变的。"

再问，对现在的老公呢？

她说："对不起。我其实不爱你。要不是我，你其实可以找个喜欢你的人结婚的。如果可以，请给我时间，我相信爱是可以转变的……"

一次初恋的误会，竟然会影响一个人生命如此之久！并且差点毁了一个家庭。因此，凡事多往正面看，看开、看透，对人事抱着超然洒脱的态度，就不会自寻烦恼。要知道，解脱之心，只在自身。

那么，在生活中，如果不借助他人外力，我们如何摆脱烦恼，自求解脱？

首先，找到造成烦恼的最近的原因。也就是说，造成烦恼最直接的是什么人或者事？

我们的日常生活，如行、住、坐、卧，有很多行为、语言、思想以及各种资讯判断，它可能都有过去的因由，可是要去想很久以前的事并不太容易，所以我们的方式是把最近的事找出来。

其次，从让你产生纠缠不清的地方下手，所谓的苦、紧张、不安、焦虑、苦闷，都有一个情境，找到那个情境。

最后，去追查那个情境，找到其中最纠缠你的烦恼点，分析它，思考它的因缘。之后，你发现自己解脱了，没事了。事实上烦恼可能还有，只是变小了。所以可能还需要再处理，要一次一次不断地深入。

总之，要解决烦恼，要先学会直接面对，不能逃避，然后才能有真正的解脱之乐。

经云："贪欲不生灭，不能令心恼。若人有我心，及有得见者，是人为贪欲，将入于地狱。"烦恼是因"我"的身心对境贪爱染着而起，因此想要少忧少烦，应先学着不被"我"所骗，学着在烦恼中调伏刚强的贪、嗔、痴心，化去我执，自得平安。

杨安解脱小秘籍

佛家养生百字诀

晨起未更衣，静坐一支香；
穿着衣带毕，必先做晨走；
睡不超过时，食不十分饱；
接客如独处，独处有佛祖；
寻常不苟言，言出大家喜；
临机勿退让，遇事当思量；
勿妄想过去，须思量未来；
负丈夫之气，抱小儿之心；

就寝如盖棺，离床如脱履；
待人常恭敬，处世有气量。

没有谁跟你过不去，除了你自己

娑婆苦，身世一浮萍。蚊蚋睫中争小利，蜗牛角上窃虚名，一点气难平。

——白云居士《望江南》

有句话，大多数人都很熟悉，叫做“人最大的敌人是自己”。的确，这个世界有太多的诱惑、太多的名利纷争，让人在红尘中沉迷而不自知。其实，如果能够以开放的心去面对，让自己沉静下来，我们会发现，其实生活很简单，其实解脱很容易。

有位功成名就的大富豪，一生纵横商场，倾尽全力。为了打击异己，他也做过不少不择手段的事。为此，他常常说：“商场如战场，人在江湖，身不由己啊。”

富豪高寿而终。葬礼后，后人在遗物中发现了他的日记本。当他知道自己将不久于人世后，他写下了下面的文字：

“如果我可以从头活一次，我要尝试更多的错误，我不会再事事追求完美。

“我情愿多休息，随遇而安，处世糊涂一点，不对将要发生的事处心积虑地计算。其实人世间哪有那么多事情需要斤斤计较呢？

“可以的话，我会多旅行，跋山涉水，更危险的地方也不怕去一去。以前我不敢吃冰激凌，不敢吃豆，是怕健康有问题，此刻我是多么

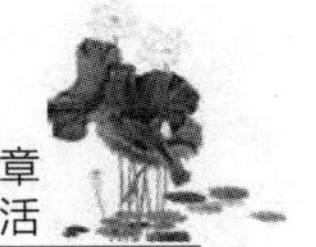

的后悔。过去的日子，我实在活得太小心，每一分每一秒都不容有失。太过清醒明白，太过清醒合理。

“如果一切可以重新开始，我会什么也不准备就上街，甚至连纸巾也不带一张，我会放纵地享受每一分、每一秒。如果可以重来，我会赤足走在户外，甚至整夜不眠，用这个身体好好地感受世界的美丽与和谐。

“还有，我会去游乐园多玩几圈木马，多看几次日出，和公园里的小朋友玩耍。

“只要人生可以从头开始，但我知道，不可能了。”

这位在商场纵横捭阖了一辈子的富豪，到临终时才悟到，原来让自己活得这么累、这么辛苦的不是社会，也不是企业或财富，更不是竞争对手，而是自己。生活本来可以很简单、更简单，只要能回归心灵的纯净，这才是真正的富足。

用开放的心面对生活，并不是说放弃追求，无所事事，随波逐流，而是明确生活的核心，去掉多余的浮华，不做无谓的争执。比如你可以开名车，住豪宅，只要你诚实地面对自己，明白自己要的是什么，不让多余的物质追求成为生活的负担，那么你拥有的还是一种健康而快乐的生活。

的确，随着生活节奏越来越快，更多的人像被鞭子抽打的陀螺一样忙碌着——或者拼命打工赚钱，或者钻营、奔波、应酬，或者忙于充电、考证……这些琐事让我们顾此失彼，疲于奔命。

如果静下来想一想，真的有这么多必须要接的电话，必须要回的邮件，必须要应酬的酒宴吗？真的有这么多必须分清的胜负，必须辩明的道理，必须改变的现状吗？天堂和地狱，有时只在一念之间。而决定权，在你自己。

一天，苏东坡和佛印正在船头烹茶谈禅，发现有人投河自尽。苏东坡连忙让艄公划船相救。投河之人被艄公救起，原来是个美貌的少妇。

佛印问她："年轻貌美，为何轻生？"

少妇说，她刚结婚两年，不料丈夫有了新欢，弃她而去。本来还有个儿子，她打算将之抚养成人，一生也有个盼头。可是几天前孩子得了场急病，又过去了。安葬了孩子后，想想人生再无牵挂，就投河了。

佛印又问她："那么两年之前，你是怎么过的？"

少妇说："那时自己自由自在，无忧无虑。"

佛印问："那时的你有丈夫，有儿子吗？"

少妇说："没有"。

佛印两手一拍说："那你不过被命运之船送回到两年前，现在，你又自由自在、无忧无虑了，上岸吧！"

少妇被点醒了，她谢过船上诸人，轻松地回家了。

天下的事很多时候就是这样的。你如果总是往跟自己对立的方面去想，那么就是自己将自己推上绝路。可是，不论你是否颓废甚至放弃生命，宇宙不会因为你的悲伤、纠结、痛苦、颓废而改变。而最后受伤的只是自己，因为从心理学角度分析，每个人心中或多或少都有一点"自毁"的情绪，如果这种情绪被放大，那么人就会发展为事事跟自己过不去，处处都觉得不如意。这样的人，只会将人生之路越走越窄，最后只剩下黯淡和闭塞。

你是不是一个跟自己过不去的人？我们来看一个小测试。

1. 从小到大，有很多人总是故意为难我，包括我的家人、老师、朋友。

2. 在路上碰到熟人，我向他打招呼，而他视若无睹，我会非常难堪。

3. 出门前，经常反复检查家里的水、电、煤气是否关好。

4. 我讨厌和整天沉默寡言的人一起生活、工作。

5. 有的人哗众取宠，说些浅薄无聊的笑话，居然能博得很多人的喝彩。

6. 夜晚会在睡下后又起来检查门、窗是否锁好。

7. 本来数日前即可做好的事，我还想延至明日再做，但是心里又很想快点做完。

8. 和目中无人的人一起吃饭是一种难以忍受的痛苦。

9. 我不能理解为什么自以为是的人总能得到领导的重用。

10. 在上学时，老师总是为迁就差生而把讲课的速度放慢，这令我很生气。

11. 总有不少人明明工作方法不对，还非要别人按着他的意见行事。

12. 同事们看到我走过去就停止说话，他们一定在说我的坏话。

13. 当我辛辛苦苦做完一件工作却得不到别人的认可和赞赏时，我会大发雷霆。

14. 有些蛮横无理的人常常事事畅通无阻，这真令我看不惯。

15. 和陌生人握手后，我会尽快找机会去洗手。

每题答“是”记 1 分，答“否”记 0 分。各题得分相加，统计总分。

11～15 分：要警惕了，你是个比较喜欢跟自己过不去的人。现在的你，是否正生活在困扰之中？为了你的身心健康，反思自身吧！平时多做对心灵有益处的事，试着放松自己，培养宽容、平和、快乐的生活态度。

6～11 分：你具有常人的心态，尽管生活中的人或事时有纷扰，但总的来说，你是能够让自己平和处世的人。如果能让心灵更自由些，你将活得更快乐。

0~6分：恭喜你，纷繁复杂的红尘俗世，很难左右你平和的心态，不论你处在社会哪个阶层，你活得比大多数人都自由洒脱。

如果你已经是一个习惯跟自己过不去的人，那么怎样来调节内心，求得解脱呢？

不妨学着把人生看做一次旅程，而且是一次永不回头的旅程。起点是诞生，终点就是死亡。所以，一路上的喜怒哀乐，都是难得的风景。这样，在临终时，我们就能坦然地说：感谢生命，我已经真正地活过了。

杨安解脱小秘籍

◆别和小人过不去，因为他本来就过不去。

◆别和社会过不去，因为你会过不去。

◆别和自己过不去，因为一切都会过去。

◆别和亲人过不去，因为他们会不让你过去。

◆别和往事过不去，因为它已经过去。

◆别和现实过不去，因为你还要过下去。

学会接纳，活在现实之中

什么才是最本质的呢？我以为，不管我现在怎样，我都要敢于生活，敢于用双手拥抱现实，这才是最根本的，不要为过去哭泣了，过去的已经过去了！

——巴士卡里雅

现实是什么？现实就是客观存在的事实，其主要特征就是不以人的主观意志为转移。

正所谓“世间不如意事十之八九”，现实对人来说，往往是不尽如人意的，甚至是残酷的。对待这样的现象，有些人逃避现实，沉溺于某种娱乐或者精神麻醉品不可自拔，把自己封闭在虚幻的理想世界里，结果使自己变得麻木，到最后一蹶不振，最终被社会抛弃。

也有些人站在现实的对立面，成为抨击者和指控者。他们或者怨天尤人，或者愤世嫉俗。其实不论他们怎样做，现实都不会因为他们的抱怨或者愤怒而改变。他们只是抛弃了自己，当然最后也将被抛弃。

有些人却能正确地面对现实，接纳现实，并以存在的事实为生存空间，最后获得自己一片宁静的天空。

从前有一位虔诚的女信徒，她每天都带鲜花到寺院供佛。

这天，她送上鲜花时，正遇到智宏禅师。禅师非常欣慰地说：“你每天都这么虔诚送花供佛，来世当得庄严美貌相报。”

女信徒高兴地说：“我非常愿意这样做。每次送花献佛时，就觉得心灵像清泉洗涤过一般清凉，但回到家中，却又乱如丝麻了。作为家庭主妇，怎样在喧嚣的尘世中保持一颗清净纯洁的心呢？”

智宏禅师反问她道：“你常以鲜花献佛，想必你一定知道如何使花朵保持新鲜吧？”

女信徒答道：“是的，只要每天换水，并且在换水时剪去最下面的一截花梗，就能让花朵保持新鲜。因为这截花梗已经腐烂，不易吸收水分。”

智宏禅师道：“这就对了。我们就好比是花，我们身边的现实环境就像花瓶里的水。水没有好坏，不论花是否吸收水分，它都存在。但作为花朵，唯有保持顺利吸收水分的状态，才能开放得更好。所以，我们在现实生活中，也要以开放的心灵去面对，不停地净化我们的身心，这样才能不断从中吸取我们存在的资源。”

信徒说：“多谢禅师开示，希望以后有机会能走近禅师，在禅院过一段晨钟暮鼓、菩提梵呗的宁静生活。”

智宏禅师回答道：“你的身体是寺宇，脉搏是钟鼓，两耳是菩提，呼吸是梵呗，无处不宁静，又何必专门到寺院中生活呢?”

女信徒似有所悟。

生活中的事情千头万绪，身边的人形形色色，我们无法选择会碰上什么人、什么事，但我们可以选择用什么样心态去面对。不是逃避，而是接纳。

学会接纳，首先要学会承认自己只是现实中的一个个体，接纳这个不完美的自己。这是活在现实中的基础。

有时候，人接纳自己也许比宽容他人更难。人们时常对自己不满，为自己某个方面的缺点而懊恼与烦忧，甚至会陷入恐惧。这样要么会自暴自弃，要么就出现过分的举动，也即不理智的选择，最终酿成苦果。

比如社会上众多整容失败的例子。其实据整容师整理病例发现，大多数来整容的女孩都是相貌中上的，有些整容师都觉得“已经很漂亮了”。但是她们往往因为对自己身上的某个部位不满意而选择整容。如果手术成功倒也罢了，但是一旦手术失败，就是得不偿失。更何况，即使手术成功，也不能保证后期不出现其他意外。所以，如果换个角度，用开放的心去接纳外形上的一点点小瑕疵，也许就不会发生那么多整容失败的惨剧。

如果说外貌还能整容，那么性格、身份……这些就更难改变，而我们身边多少人苦恼于此。内向的人苦恼于自己不开朗；贫穷的人苦恼于自己不富有；有人苦恼自己为什么没有个有权有势的爹；有人苦恼自己怎么不生在美国那样的国家……但这些都是自己身上的现实，既然已经存在，抱怨和愤恨又有什么用呢？先接纳自己吧！

接纳他人，说起来应该比接纳自己更容易些，因为只要开放心灵，承认人和人是不同的就行了。但真的做起来，却又不是那么简单。难怪著名的存在主义哲学家萨特要叹息：“他人即地狱。”

有一个“三季人”的故事讲的就是如何接纳他人的道理。

这天，孔子的一个弟子正在门外扫地，忽然走过来一个浑身绿装的人。

那人刚一走近就问：“你是孔子的弟子吧？”他回答道：“是呀，你有什么事？”那人接着说：“请问一年有几个季节？”孔子的弟子莫名其妙地看了一眼那人，说：“当然是四个季节了。”那人说：“不对，明明是三个季节。”

于是两人就此争论起来……

最后，那人提出：“不然我们打个赌吧，让你的老师孔子来判定。假如他说一年是四个季节，我给你磕三个响头，假如他说一年是三个季节，你给我磕三个响头，你看怎么样？”

孔子的弟子毫不犹豫地答应了。

于是二人便一起找孔子理论去了。

见到了孔子，二人把事情的原委说清楚，便等着孔子的裁决。

孔子看了一下那人，转过身对弟子说：“一年确实是三个季节。”

那人听了非常高兴。孔子的弟子看了看老师，无奈地给那人磕了三个响头。于是那人心满意足地走了。

孔子的弟子见那人走了，便问：“一年明明是四个季节，老师您怎么也说是三个呢？”

孔子笑了笑说：“没看到那人浑身是绿色吗？其实它是一只蚂蚱，

春天生，秋天死，根本活不到冬天，你说他怎么能知道一年当中除了他所经历的三季外，还有一个冬季呢？这样你跟他又能争论出个什么结果呢？”

孔子的弟子顿有所悟。

我们一个人在成长中，都会从周围的环境中不自觉地接受了很多的观念，可是这些观念并非对所有人都是适用的。

比如一个简单的观念“不要随地吐痰”，相比之下，城市中长大的孩子比乡村长大的孩子更重视，尤其父母比较讲卫生的。所以当他们看到有人随地吐痰时，很可能就会无法理解，甚至对此愤慨，觉得“这些人，怎么这样不讲卫生啊！”其实这只是每个人所认知的观念不同而已。

他人的表现与个体内在的观念发生冲突时，是非常容易导致我们无法接纳某些人或者事的。而要避免这样的情况，就要有一颗开放的心灵，并且能够换位思考。不然，就是用别人的不足让自己在痛苦中生活了。

以此类推，对现实中的种种不如意也是如此。比如，“请客送礼是拍马屁，是不好的行为”，有这种信念的人，参与社会生活以后，即使有些事只要请人吃顿饭就可以解决，他也可能会排斥、抗拒。只是这样一来，他的困难可能就难以得到解决了。

当然，我们这里说的活在现实之中，并不是说向现实屈服，随波逐流。现实中还是有很多黑暗的，我们不能是非不分，真假不辨。比如认为“请客送礼是不好的行为”的人，如果自己坚持原则，就要能承受坚持原则带来的结果，比如他在社会上也许不如别人“混得好”。而不是一方面自己坚持原则，另一方面又抱怨“社会怎么这样不公平”，那就是不现实了。

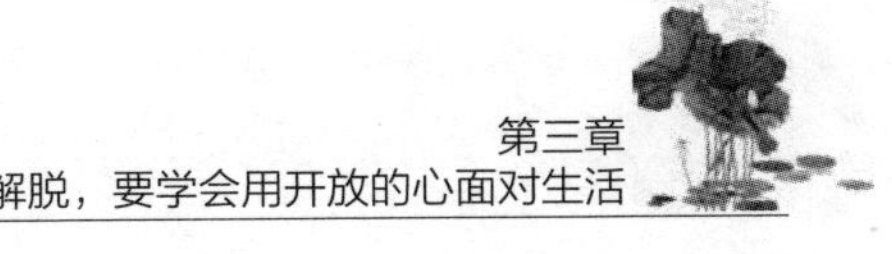

所以，不论现实如何，心灵总是可以有自己的出路：接纳自己的个性特点，接纳自己的为人处世特点，接纳他人和自己的不同，并且接纳它们带来的一切。只要心灵始终遵循“接纳原则”，不论身处何时何地，心态仍然可以是平和的，生活依然是美好的！这也是接纳的神奇之处！

杨安解脱小秘籍

◆经常告诉自己：每一分每一秒都是唯一，所以，活在当下。

◆如果碰到困扰，放下太多的理性算计，问问内心：什么是我真正需要的？

◆尝试冥想。把自己放到浩瀚无边的宇宙中，想象自己是恒河一沙，不会有谁跟一颗尘埃过不去的。

◆如果你觉得别人有错误，慈悲的话，就给他指出来；或者，就让他自己领悟。但是别用他人的错误惩罚自己。

与其忧虑，不如去消除引起忧虑的源头

最重要的是不要去看远处模糊的事，而要去做手边清楚的事。

——汤姆斯·卡莱

威廉·詹姆斯说：“上帝可能会原谅我们所犯的罪过，可是我们的神经系统却不会。”

任何人都会产生忧虑，这是我们无法改变的事实。现实中，忧虑产生的原因太多了。一次考试的失败、在外生活的无保障、工作中遇到挫折、婚姻中面对危机、身体被疾病困扰等，都会引起一种不安的情绪。

所以有“人生不满百，常怀千岁忧”的说法。

忧虑会让人情绪低落、无精打采、精神紧张、疲倦无力，严重的时候，忧虑会影响人正常的学习、工作和生活。长时间的忧虑则会产生各种病症，因为忧虑的人，身体系统和器官处于超负荷工作状态，会损伤免疫系统，进而引起疾病。根据医学验证，那些经常忧虑或得焦虑症的人，患心律不齐的可能性明显偏高，患高血压的危险性也比较大。

忧虑更是伤害人心灵的大敌。试想，一个整天忧心忡忡的人，连正常的生活状态都难以保障，又谈何生命的快乐、自由？所以，我们不仅要正视忧虑，更要学会从忧虑中解脱的方法。

不论什么人的忧虑，都可以将之分为两种：今日的忧虑与明日的忧虑，即近忧与远忧。

对于今天的忧虑，最直接的办法就是：一天的难处一天当！不论让你产生忧虑的难处是什么，首先要有勇于担当、积极解决的态度。

很多人之所以有眼下的忧虑，主要是源于对某件事的无力或者实际的困难。小到一件处理不了的事，大到可能无法承担的工作或责任等，对于这种情况，最好的办法就是敞开心胸，面对它，解决它，而不是反反复复地忧虑，却没有任何动作。

当然，要解决忧虑，不是漫无目的地蛮干，而是要先弄清事实，明白引起忧虑的源头和实际情况。因为不弄清楚事实，我们只能在混乱中摸索。哥伦比亚大学已故教务长赫伯特·霍克斯曾说，世界上一半以上的忧虑是因为人们没有足够的知识做出决定所致。

比如，某策划人面对一个比较困难的任务非常犯愁，这个时候，忧虑自然而然就困扰了他的内心。而这种情绪会让他更混乱而且茫然，当然对完成任务没有好处。可如果他放下前思后想的不良情绪，找到忧虑的源头是“这个任务让我忧虑是因为我还没有足够的知识去完成”，那么他就会马上行动起来。他会在任务完成的期限里，集中全力去收集有关这个问题的所有事实（知识）。所以他不会发愁，更不会失眠，只是全心全意地收集、分析。这样，快到期限的时候，他差不多也拥有了完成任务所需要的知识，一般来说，问题也就迎刃而解了。

据统计，赫伯特·霍克斯用这种方法，曾经帮过近 20 万名学生解决了忧虑。

相比于今天的忧虑，明天的忧虑要更难处理一些，所以理清此事，对于我们解脱心灵就更为必要。

为了更好地区分对明天的忧虑，我们将它也分成两类：一类是对明天的不确定性的忧虑；一类是对明天的未知的忧虑。

这两者有区别吗？有的。

简单地举个例子，如果你今天上班的时候做错了一件事，不知道明天会不会受到惩罚，于是整夜睡不着觉，躺在床上翻来覆去地想，这就是对明天的不确定性的忧虑。因为你不确定明天会遇到怎样的情况。

而如果你在忧虑的是这类问题：自己如果得癌症了该怎么办；突然地震了该怎么办；地球要是脱离银河系了会怎么样……那么你就可以被划为对明天的未知的忧虑了。这样的忧虑，只要一句话就可以解脱：放下，活在当下！

其实困扰人们最多也最久的，往往就是关于不确定的明天的忧虑。地震火山之类的事太遥远，所以人往往想想也就过去了，而对于那不确定的明天却是肯定会到来的，只是不知道自己面对的是什么，所以尤其容易让人情绪焦躁失去理智。

关于这类忧虑，其实办法也很简单。同样是找到源头，然后解决它。即使不能解决，也要知道自己面对的是什么，避免陷入混乱，做出错误选择。

美国商人格兰·利奇费尔德的故事，可以作为解决此类忧虑最典型的例子之一。

当时是日军轰炸珍珠港之后不久，利奇费尔德作为上海亚洲人寿保险公司的经理，协助日方一位“军方清算员”清算公司的资产。

利奇费尔德只好遵命行事。但出于商人的职业道德，他没有将一笔大约75万美元的保险费算入清单。因为这笔钱属于香港公司，和上海公司的资产无关。

这件事很快被发现的时候，利奇费尔德碰巧不在办公室。同事告诉他，日本人大发脾气，拍桌子骂人，说他是强盗、叛徒，还说他侮辱了日本皇军。这意味着他可能会被送进宪兵队。

利奇费尔德非常恐慌。因为宪兵队是日本秘密警察的行刑室，是正常人情愿自杀也不愿被送去的地方。可他该怎么办呢？他坐在打字机前打出下面的两个问题，以及问题的答案：

“我担心什么?”

“我担心明天早上被关进宪兵队。”

“我能怎么办?”

关于这个问题，他花了几个小时来思考，最后写下了可能采取的四种行动，以及每一种行动可能带来的后果。

“1. 我试着向日本人解释。可是他不会说英文，如果找翻译向他解释，很可能会让他发火，我可能只有死路一条了。因为他是个凶残的人，我宁愿被关进宪兵队也不愿和他谈话。

“2. 逃走。但这是不可能的，因为他们一直都在监视我。如果我想逃走，很可能被他们抓住枪毙。

“3. 留在房间里，不再上班。但如果我这样做的话，日本人就会起疑心，也许根本不给我任何说话的机会，直接把我关进宪兵队里。

“4. 星期一早上，照常去公司上班。如果我这样做，日本人很可能因为忙而忘掉了我。即使他想到了，也可能已经冷静下来，不再来找我的麻烦。如果是这样的话，我就没有麻烦了。即使他还来找我，我仍然有机会向他解释，所以我应该和平常一样，在星期一早上去办公室，就像什么也没有发生。”

最后，利奇费尔德决定采取第四个计划，就像平常一样，在星期一早上去上班。

当利奇费尔德早上走进办公室的时候，那个日本军官坐在那里，嘴里叼着烟，像平常一样地看了他一眼，什么都没说。这件让他忧虑的事就此告终。

利奇费尔德很幸运地捡回一条命，这得益于他面对忧虑，写出了各种不同的情况，以及每一个步骤可能产生的后果，然后很镇定地做出决定。反之，他可能会思绪混乱，心急如焚，上班的时候也很可能满面惊慌和愁容不展——仅此一点，就会使日本人起疑心，反而给自己带来灾难。

所以，在忧虑降临的时候，放开心灵去寻找忧虑的源头，这不仅是打造幸福生活的良药，也是帮助你在人生的路口做出正确决策的金钥匙。要知道，未来如何不确定不重要，你确定自己将要做什么才是诀窍。

如果你真的被一些未来的不确定性而搞得心烦气躁，那么就努力让它成为一种确定性吧。因为不确定性让一个人总处在半唤醒状态，犹如一个沉重的负担总压在身上一样。人处在不确定的状态时，对将来的事无法预测，思想上混乱，当然也无法做决策。当人一旦清楚、准确地做出某种决定之后，50% 的忧虑就会消失，而当人按照决定去做之后，另外的 50% 通常也会消失。

下面是由一些科学家建议采用的方法和技巧。

（1）学习解决实际问题的本领。忧虑或焦虑心情多半是在我们必须面对各种问题而又束手无策时产生的，且在得不到及时解决问题的情况下还会急剧加重，所以提高解决问题的能力是必要的。当然学习掌握解决实际问题的本领不是一时一事就能成功的，这需要在长期的经验中不断增进。

（2）不断改进思维。不要让我们的思维僵化，要有开放的心灵。世界是千姿百态的，“天无绝人之路”，只要放开胸怀，不可能找不到解决的方法。

（3）把注意力集中在准备要做的事情上。人们忧虑的事几乎总是些将来的事，如果能把注意力集中在现在准备做的事情上，忧虑的心情就会变得缓和一点。

（4）利用冥想和深呼吸等技术能使忧虑或焦虑的心情有所缓和。

（5）美国俄亥俄大学一位心理学教授提出，每天抽出一定的时间，如 30 分钟作为个人特定的忧虑或焦虑时间。在这段时间内，把全部注意力集中在忧虑或焦虑的事情上，极力想出解决问题的办法。这个方法看上去有点不可思议，但实际却有效。这样连续多次，即使想不出解决问题的办法，忧虑或焦虑也会逐渐减少，因为你认识到只是忧虑或焦虑是没有价值的。何况，每天花些时间集中注意力去为遇到的问题忧虑或焦虑，在找出解决问题的办法方面通常总会有些转机。

杨安解脱小秘籍

◆做一些对身心有益的活动。有健康的身体才有健康的心灵。

◆立刻行动，解决眼下的问题，而不只是思考。

◆对于无能为力的事，不妨顺其自然，静观其变。

真正地融入生活，才能深切地感受生活

人不像动物，人能领略出生活的唯一目的就是享受生活。

——巴特勒

生活是什么？不同的人会有不同的答案。有的人认为生活就是柴米油盐，有的人会说生活就是永不停止的奋斗，还有的人认为生活就是享受生存……不过有个很常见的现象，就是我们常常认为自己在生活，其实并未真正地融入生活，我们只是在尘世中忙碌地生存而已。

有位经常旅行的朋友，某日去了澳大利亚。他每到一个城市，就会在微博上发布自己所在的位置，还会发几张相片证明他没有说谎。

等他回国后，他的同事们都向他打听旅行的收获。可是他无法告诉大家悉尼动物园是什么样的，蓝山又是多么的清新怡人，一路上路过了多少地方，更无法描述一路上的风景。因为一上车或者上船，他就要么刷微博，要么睡觉，等到了目的地就开始拍照。

能说这位朋友不对吗？当然不能，但这样的旅游方式不免有些令人遗憾。他错过了多少沿途的风景。

我们在生活中很多时候都像这位朋友一样，因为目的太明确，而失去了生活的乐趣，反而让自己脱离生活，成为目标的机器。比如上大学不仅是为了找个好工作，还是难得的一段人生历程和青春回忆；工作不仅是为了赚钱养家糊口，还是跟人交往、跟社会接触的契机，是提升自身的机会；恋爱不仅是为了结婚，更是人生成熟的必经之途……总之，如果在追求目标的过程中，能关注一下生活的点滴，我们对生活的感受就会完全不一样。

有一次，一位讲师从湖南搬家去扬州。还没到投宿的时间，他就把车停在了一家小旅馆前，打算歇息一晚再走。同行的人很诧异："怎么不走呢？天黑前还可以赶好几十里路呢。"

"嗯，我们先找个地方歇脚，然后到处逛逛。现在我们已经到了江西新余市，附近就有国家著名景点——仙女湖，可以顺便去见识一下。"这位讲师说。

同行的人很不解：前方还有那么远的路，走走歇歇，那要多久才到扬州啊。不过终于还是听从了他的安排。

据说，他们先后欣赏了仙女湖、马鞍山、南京长江大桥、京杭大运河……本来两天的路程足足走了五天。

后来讲起此事，这位讲师哈哈大笑："我们每一次旅行都会路过很多风景，而那些错过的风景又是我们的必经之路。如果我们仅仅是为了到达某一个目的地而旅行，那我们又会错过多少美好的风景呢？假设，我们一出生就直奔老去的那一刻，那人生还有什么意思呢？"

是啊，人生如逆旅，我们都是行人。如果不懂得融入生活，欣赏生活的点滴，或者根本不了解该如何融入生活，那么即使活过百年，也未必能深切体会生活、感受生活。

经常有人叹息，生活太苦、太难，其实生活中的美和温暖无处不在。清风明月，近水远山，如果你不理会它，它对你来说就不存在；如果你融入它，它就是抚慰心灵的良药。如果说融入自然之美，在现在高速发展的都市社会渐渐成为奢侈，那么人间真情却是在我们每个人身边，家长里短，一样不缺。

可惜，现在我们大多数人因生计而疲于奔波，往往忽略了身边看似琐碎的生活，于是渐渐地把日子过得淡然无味。长此以往，难免自己一头雾水，不知道生活到底为了什么。

在西方国家流传着这样一个故事：

三个商人死后去见上帝，讨论他们在尘世中的功绩。

第一个商人说："尽管我经营的生意几乎破产，但我和我的家人并不在意。我们一直生活得非常幸福快乐。"上帝听了，给他打了50分。

第二个商人说："我一直忙于生意，所以很少有时间和家人生活在一起。但是我的事业非常成功。在我死之前，已经是一个亿万富翁！"上帝听罢默不做声，也给他打了50分。

第三个商人说："我活着时虽然每天忙着赚钱，但也同时尽力照顾好我的家人。朋友们都喜欢和我在一起，我们经常在钓鱼或打高尔夫球时，就谈成了一笔生意。现在想来，人生多么有意思啊！"上帝听他讲完，给他打了100分。

这个故事说明一个简单的道理：不论你所处的生活如何，你都可以选择将生活过得更完美，更快乐，只要你有一颗乐意融入生活的心。

智者说，生活是美、悲哀、喜悦和困惑，它是树，是鸟，是水中的月光；它是工作、痛苦和希望；它是死亡、寻找永恒、信仰或否认至上；它是善、恨和忌妒；它是贪婪和野心；它是爱和缺乏爱；它是创造能力、追逐权力的机器；它是深不可测的极乐；它是头脑、禅修者和禅修。它是所有这一切。但是我们的头脑怎么能接近它呢？我们要的不是对生活的描述，而是融入生活的方法。

要打开心灵，从自我的桎梏中解脱出来，最好的办法莫过于用"陌生化原理"来面对生活。不少人都有这样的体会：到了一个陌生的城市，看什么都是新鲜的，去景点也是处处拍照想要留下纪念；而自己家旁边的景点，却因为太熟悉而视而不见。其实，如果尝试用陌生的眼光去看身边的环境、人和事，会有完全不同的欣喜感。

比如，如果你已经习惯了每天在固定的时间起床、洗漱、出门，不妨在某一天试试提前半个小时。你可能会发现身边熟悉的环境变得有些不同，因为在这个时间出门的人、路上的车，会跟你经常看到的有些不一样。这就是城市的脉搏，每时每刻都在跳动。静下心去感受，你会知道你正在体会生命的呼吸。

学会等待，学会付出，学会用平和的心去体会生活，你会发现其实人生并没有那么多桎梏。感受刹那花开，其实很简单。

杨安解脱小秘籍

◆经常把自己从忙碌中抽离出来，用陌生的心态，感受一下身边熟悉的人和事。

◆保持好奇心，在生活中寻找属于自己的乐趣。

◆接触并学习一项艺术，以陶冶情操。

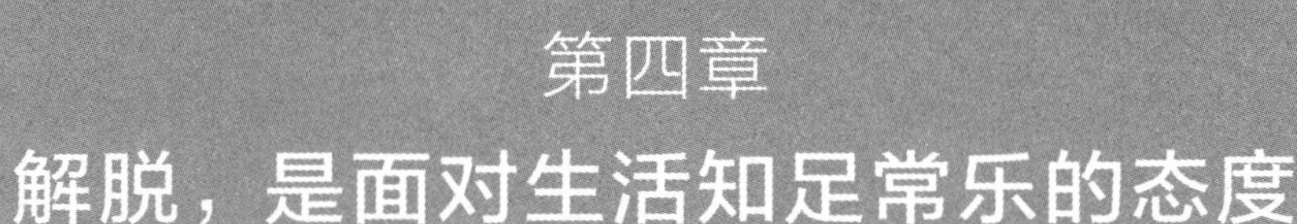

第四章

解脱，是面对生活知足常乐的态度

知足常乐，其实是一种与世无争而又安于平凡的心境，也是一种不经意间的幸福。这种幸福的好处是，只要你愿意，你就可以轻松拥有，无须强求。

人心不足蛇吞象，不知足的人与快乐无缘

富而不知足，是亦为贫苦。虽贫而知足，是则第一富。

——《佛所行赞》

如果你去大街上，随机抽取几个人，问他们："你快乐吗?"得到的绝大多数会是"不快乐""累死了""怎么快乐得起来"这类答案。是的，根据美国一项对各民族快乐指标的调查结果表明，只有9%的中国人认为自己是个快乐的人。换句话说，十个中国人中有九个认为自己不快乐。

这是一个值得每个人深思的问题。

社会一直在向好的方向发展，大多数人都能享受到比过去更优越的物质条件和文化空间，但为什么有这么多人不快乐？用一位网友的话说，就是"身无分文的时候不快乐，腰缠万贯后也不快乐；在做学生的时候不快乐，到工作的时候还是不快乐；给人打工的时候不快乐，到了别人给自己打工的时候仍然不快乐；在国内不快乐，折腾到国外还是不快乐……"

这种现象，可以从很多角度去分析，比如社会学的、人类学的、经济学的等，可是如果从不快乐的出发点，也就是心灵的源头来看，之所以不快乐，是因为以为一切快乐都能从外境获得。

人们如果极力追求外在的欢乐，用名誉、物质、权势等外在的因素

来决定自己快乐与否，是很危险的。因为，这样的人会失去内心世界，即便获得了少许快乐，也极易被外界环境所转，而最终成为痛苦。藏传佛教噶举派的创始人米拉日巴尊者曾说：“内在欢乐尚未得，外在快乐皆苦因。”讲的就是这个道理。

其实，这个道理用四个字就能讲明：“知足常乐”。老子说：“祸莫大于不知足；咎莫大于欲得。故知足之足，常足矣。”的确，无数的典故、警言都在告诫世人，知足，才能常乐。与此相对的，又有了一个流传很久的故事，叫“人心不足蛇吞象”。

这个故事说，有个农夫偶然救了一条冻僵的小蛇，带回家养大后又放归森林。蛇越长越大，成为百年难得一见的“龙蛇”。它通人性，知感恩。一人一蛇在森林中生活得很好。

蛇居住的洞口有棵紫石芝，因为龙蛇的养护，常人难以采摘。皇帝张贴皇榜，声明谁能采来这棵灵芝，就会得到重赏。农夫心动了，就央求蛇把灵芝送给他。

蛇很爽快地答应了，并亲自采下灵芝，送到农夫手里。

农夫把灵芝献给皇帝，果然得到重赏，成为当地首富。

过了些日子，皇后犯了眼疾，御医说要用龙蛇的眼球做药引。皇帝想起献灵芝的农夫，就命他献上蛇眼，并许诺让他当宰相，一辈子安享荣华富贵。

农夫又去央求蛇给他一只眼球。念及昔日的救命之恩，蛇忍痛让他挖去左眼。农夫如愿当上了宰相。

当上宰相的农夫对自己的生活很满足，可是他担忧好日子总有到头的时候，因为人总是要死的。他想到古老相传的不老之法：饮用泡有龙蛇心的酒，可以长生。他就又到山中去找蛇，提出想要蛇心。

蛇看着这个贪婪的人，欲望已经让他不再有当年的仁慈和良善。蛇张开嘴，告诉他想要心可以，但是他必须自己去挖。农夫想也没想就往蛇嘴探头进去，蛇一口将他吞入肚中。

在临死前，农夫想起过往种种，他后悔万分：要是他跟蛇一直像原来那样生活，该多美好啊。可惜，来不及了。

这就是民间流传的“人心不足蛇吞象”的故事。后人以此比喻人心贪得无厌，并有了“人心不足蛇吞象，贪心不足吃月亮”的俗语，说明贪欲无穷的人，不会有什么好下场。

那么，什么是“足”？怎样能做到“知足”，以让自己能够“常乐”？其实，这个“足”绝非指富可敌国、功成名就，其核心关键是“知”。“知”是觉悟、是智慧、是修养、是自我把握、是自我管理。

还是回到人们不快乐的源头。快乐是每个人都想要的，但为什么我们身边不快乐的人如此之多？其实，每个人心中都有一把快乐的钥匙，但我们却常在不知不觉中把它交给别人掌管。

公司门口，一个男人情绪低落：“我一直努力工作，可是上司不赏识我，他只看到那些吹牛拍马的同事。”这时，男人把快乐的钥匙放在他的上司手中。

超市里，一个女人对邻居抱怨道：“我先生又出差了！接孩子、忙家务，都是我一个人的事。我自己还要上班。你看这个家还像个家吗？”她把快乐的钥匙放在先生手里。

放学的人潮中，一位妈妈一边走一边对孩子皱眉说：“你这孩子怎么这么不听话，我都快被你气死了！”她把快乐的钥匙放在孩子手中。

一位婆婆叹息：“我的儿媳妇不孝顺，儿子也是个软耳朵，娶了媳妇忘了娘。我真命苦啊！”她把快乐的钥匙放在儿媳妇的手里。

小饭店里，一位丈夫面对发小，一肚子苦水：“当初谈恋爱的时候，她多可爱啊，刚结婚那会儿我们也很恩爱，可这女人啊，一生孩子就大变样，现在就会跟我算账，逼我多兼职……这日子没法过了！”他把快乐的钥匙放在妻子的手里。

生活中，很多人之所以不快乐，或者是因为他们重功利、好攀比；或者是因为他们太在意得失；又或者习惯于为一些小事斤斤计较……总之，他们的心灵因此而蒙尘，从而让他们感受不到生活的愉悦与美好。

比如，现在人人都想要富有，所以大家都在忙着赚钱。可是，单纯对财富的欲望像个无底的黑洞，只会越来越强，永远没有填满的一天。有人把游戏人生视为乐，把金屋藏娇视为乐，把巧取豪夺视为乐，把豪赌滥玩视为乐……这些绝不是常乐，只能乐极生悲，终会是短命之乐。这样的人，即使掌握了亿万财富，可是他的心被贪欲驱使，又怎能享受到真正的快乐？

反之，就算是清贫的生活，坎坷的境遇，只要知足常乐，心中有信念，那日子也必是天天心旷神怡、鸟语花香。

所以，快乐的前提，不是你拥有了多少，而是你是否有“知”。有了这个“知”，人的追求不会越轨，不会昧心。纵然所得有限，却放心满足。有一颗知足的心，才会有真正的喜悦，真正的宁静。

那个抱怨老板不赏识自己的男人，如果他想一想，是老板给了他一个发挥自身所长的平台，只要他努力工作，即使老板始终不赏识他，他也能养家糊口。如果一旦老板发现他的优点，那么他将是多么快乐！

那个抱怨老公经常出差的女人，如果她想一想，正是老公的日夜奔波，才有了她和孩子安逸富足的生活，不然，她连站在超市抱怨的时间都没有！

那个责备孩子不听话的母亲，如果她想一想，孩子经过自己十月怀胎来到这个世界，身体健康，性格活泼，这是多么大的幸福，又怎么会不快乐？又怎还会跟孩子偶尔的调皮计较？

那个抱怨儿媳的婆婆，那个对妻子不满的丈夫……我们身边多少人、多少事，如果冷静下来，用平常心、知足心去看待，那产生不快乐的源头不正是我们自己吗？

当然，知足常乐，不等于什么都不要的犬儒主义，而是指不要贪得无厌。正如死于心肌衰竭的好莱坞影星利奥·罗斯顿在临终前所说过的："你的身躯很庞大，但是你的生命需要的仅仅是一颗心脏。"这句话后来被镌刻在他离世的医院墙上。

而另一位叫默尔的石油大亨，则在传记中写道："多余的脂肪会压迫人的心脏，多余的财富会拖累人的心灵，多余的追逐、多余的幻想只会增加一个人生命的负担。"据说，这段话的灵感来自利奥·罗斯顿的遗言。因为很巧的是，默尔也曾因为心肌梗死而就医于这家医院。幸运的是，默尔康复了。所以这段话也可看做一个在生死边缘打过转的人的生活格言。

人之所以会不快乐，不是因为得到的太少，而是由于想要的太多。

所以，珍惜现在，满足当下所拥有的，才会让自己从不必要的欲望中解脱出来，才能让自己活得快乐，得到"常乐"，才能让我们的心归于平静，感受生活之美好。

杨安解脱小秘籍

◆遇事多往好处想，待人常怀慈悲心。

◆适合自己的才是最好的，不要用他人的标准来衡量自己。

◆常常告诉自己：我很快乐，快乐就不会远离你。

◆记住拥有的，忘却失去的。

你所拥有的一切对你来说是最好的

薄薄酒，饮两盅。粗粗布，着两重。美恶虽异醉暖同，丑妻恶妾寿乃公。

——苏轼《薄薄酒》

经常有人在面对“知足常乐”这个话题时，会反问：“那难道就不要努力不要进步了？如果每个人都知足常乐了，社会又怎么会发展？”其实，这样说的人是混淆了这个概念。知足常乐，是一种心灵的存在状态，是一种面对生活的心态，而不是鼓励人们在生活、工作中不作为、得过且过、消极度世。

换句话说，知足常乐，就是不要“这山望着那山高”，要珍惜所有，活在当下。

举个最简单的例子：现在人们的生活条件普遍好了，但是人对物质的需求也更大了，所以人总是追求更大更多的财富。但是这样就能快乐吗？

几年前，在广东省民营企业家的一次聚会上，面对200多位“富人”，主持人请“认为自己解决了财富问题的人”举手时，所有的人都举起了手；但当主持人请“感到内心愉快的人”举手时，举手的人却只剩下了一个。

当社会中大多数人还在为财富奔忙的时候，那些已经不用为钱发愁的人居然还是如此的不快乐。这不得不让人反思：我们要的到底是什么？

“得不到的，才是最好的。”这是我们最常听到的一句话。这句话反映了一点：没有实现的欲望，具有多么可怕的力量。

美国男子盖茨比是一个亿万富翁，他再次遇到前女友戴西。戴西因渴望纸醉金迷的生活，已嫁给一个纨绔子弟汤姆。汤姆的家境已没落，而戴西也浑身上下散发着对物质生活的渴求。不过，盖茨比仍痴心不改，继续狂热地追求戴西，并用巨资资助她的家庭。然而，戴西也仍和以前一样不在乎盖茨比，不仅和丈夫一起利用他，甚至还参与策划了一起车祸，最终害了盖茨比的性命。

这是美国作家菲茨杰拉德在他的小说《了不起的盖茨比》中所描绘的一个悲剧。对盖茨比而言，失去的初恋犹如一个魔咒，令他迷恋戴西，似乎只有得到她才能解脱。

其实，这个魔咒是可以用心理学中的“完形心理学”做出解释的。完形心理学是源自德国的一个心理学流派，其核心概念就是完形，大概意思是，我们会追求一个完整的心理图形。比如一个有始有终的初恋，不管结果是走向婚姻的殿堂还是分手，只要有明确的结果，就是一个完整的心理图形。然而，假若初恋无果而终，就是一个没有完成的心理图形。那么，我们会做很多努力，渴望完成它。

所以，从这个角度来理解为什么人会有“得不到的才是最好的”心理，就很清楚了。

有的人寒窗苦读，终于上了梦寐以求的大学，却茫然若失。不是他失去了方向，而是作为愿望的心理图形已经完整。

有的人千辛万苦终于追求到心目中的女神，可是抱得美人归的他却怎么也提不起当时追她的劲头，惹得女友很不高兴。其实不是他不爱她了，而是“追到她”的欲望已经完整。

生活中的事大抵如此。你为所拥有的东西做出的努力越大，得到后的失落也更多。所以，人才会有这样的认识："得不到的才是最好的。"

我们都是凡夫俗子，身处红尘中，难免对没有拥有的东西心存欲念，这不是罪过。只要明白这是一种心理现象，并且善于调整就不会落入魔咒。所以，我们看到，身边生活得快乐的人，往往都是那些满足于自己所拥有的并且不艳羡他人的人。

人难免有贪念，对金钱、美女、权力等美好事物的向往，对身外之物的占有欲念，都是人之常情。可是，俗话说得好："欲壑难填。"这些欲望犹如滔滔江水，在人们内心深处澎湃，有多少人因此因小失大，使自己遗憾终身啊！正因为想得到的太多，反而失去了原有的，终究是竹篮打水一场空！

人生最大的悲哀，莫过于苦苦苛求本来不属于自己的东西。

有个学生，因为只考了第二名而痛不欲生。可是一次考试只有一个第一名，岂能想要就有？更何况，就算没有考上第一名，也不影响日后上重点学校、就业啊？第二名，已经很不错了，为什么不这么想呢？

某男暗恋某女多年，终于有一天鼓起勇气表白，其实此时某女已经纵横风尘多年，两人根本没有在一起的可能。某男痛苦不堪，几近轻生。其实某男身边也不乏爱恋他的女生，又何必只看着远处的风景，忽视身边的风光？

妻子又生气了，因为参加了一个同学聚会。当年的小姐妹，要么自己功成名就，要么嫁了个好老公，当阔太太。相比之下，怎么看怎么觉得自己寒碜。其实，她没看到，自己的丈夫温柔体贴，无不良嗜好，爱她多年如一日。

小店主辛苦多年，略有积蓄。看别人卖汽车发大财，心动了，也盘了个汽车4S店，最后亏得一无所有，还欠了一屁股债。其实他不知道，自己最适合的就是当一个小店主，卖汽车对他来说，更像一个游戏。而显然，他玩不起。

……

这样的事情，每天都在我们知道或者不知道的地方发生。俗世的成功学鼓励人们攀向未知的高峰，而我国古老的处世哲学则提醒世人：要先学会珍惜身边的一切，要知足，要惜福，要有感恩之心，要有敬畏之念。

当然，从心理学角度出发，人的选择本能受到“陌生化”的影响，所以人天生会喜欢那些没有得到的人或物，却对身边的事物视而不见。

所以，只有知足常乐，才能够让我们看到对自己真正有意义的东西，才能从无尽的欲海中解脱出来，从而获得身心的真正自由。

宋代著名的诗人、文学家苏轼，就是一个非常懂得珍惜当下、知足常乐的智者。苏轼一生多次遭贬谪，遥远的天涯海角海南，偏僻贫困的湖北黄州，都是他曾经的贬谪之地。可是他一直保持乐天、知足、随遇而安的心态。当地猪肉便宜，他就专吃猪肉，并且发明了东坡肉，流传至今。当地物资匮乏，白菜、白盐、白饭就是日常佳肴，他因此自号“苏三白”。是苏轼不懂享受不解风情吗？也不是的。经济稍微好转，他也会买房置地，也种茶园以“消积食”。当钱塘太守时，更是留下了无数持螯饮酒赏花的佳话名篇。

苏轼为人，可以说就是因为知足常乐，所以进退自如。

这个世界在为人打造各种不满足，可是平心而论，我们需要的，真的有那么多吗？也许明朝的胡九韶能告诉我们答案。

胡九韶是江金溪人，家境贫寒，教书兼耕作方可温饱。

他有个习惯，每天黄昏时，都要焚香拜祭，感谢上天赐给他一天的清福。他的妻子笑他说：“我们一天三餐都是菜粥，怎么谈得上是清福？”胡九韶说：“我首先很庆幸生在太平盛世，没有战争兵祸。又庆幸我们全家人都能有饭吃，有衣穿，不至于挨饿受冻。第三庆幸的是家里床上没有病人，监狱中没有囚犯，这不是清福是什么？”

后来，他被称为知足常乐的典范之一。

所以，如果觉得不快乐，不妨问问自己：让我不快乐的事物，真是我必须占有的吗？也许，你会豁然开朗。

杨安解脱小秘籍

◆人要往远处看，但也不要忽视眼下的幸福。

◆写下十个你现在拥有的事物，比如工作、学业、青春、美貌、健康……立刻解脱。

◆再高傲的人也是蹲着方便的，你跟他们没什么两样。

◆多关注身边让你动情的小细节，那才是真正的生活。

得到与失去为常态，淡看得与失

人从爱欲生忧。从忧生畏。无爱即无忧。不忧即无畏。

——《四十二章经》

人生在世，我们每天都在得到，也每天都在失去。有些得失是我们默认的，比如付出时间和努力，得到合理的报酬如薪水，但有更多的得失会让我们的情绪失控，比如一个苦苦所求的东西，却总是得不到，佛家云人生三苦中的“求不得”，便是如此。又或者突然天上掉馅饼，中了五百万元大奖，却因此而让人生之路失衡。《儒林外史》中范进得知自己中举后差点疯掉，就是面对“得到”而情绪失衡的表现之一。

如何面对得到和失去？应该说，任何情绪、感受和体验都是天然产生的，它们都在告诉我们一些信息，在指引我们走向好的成长之路，让我们的心离我们的人生真相更近。因为得到或者失去而产生的情绪也不例外，关键在于我们自己如何看淡。要知道，一系列的人生悲剧，既可以令人变成祥林嫂，喋喋不休地重复诉说苦难，也可以使人变成贝多芬，扼住命运的咽喉，唱出自己的生命最强音！

生活中，因为一场大病、一场灾难或一场意外而面对死亡，进而改变人生态度的例子很多。从这个角度来说，一次巨大"失去"的打击，是使我们明白人生真谛的契机。所以，如果你真的面临很大的"失去"，不要沮丧地如同世界末日，因为它也许正意味着你的重生！

有个关于得失的故事是这样讲的：

独居的父亲过世后，两个儿子回来奔丧。在整理父亲遗物时发现一套邮票。原来父亲是个集邮爱好者，毕生的精力都花在这个上面了。

两个儿子对邮票没兴趣，便打算卖掉。好心的邮票商告诉兄弟俩，这一套邮票价值连城，但是还差一张就收集齐了，而他们的父亲临死前已经找到了拥有这张邮票的人。被巨大的价值驱使，两个儿子决定把最后一张邮票收集齐了再出售。

兄弟俩找到了那个拥有者，不料对方提出一个要求：邮票不卖但是可以换，换一个肾，因为他的女儿患了尿毒症，需要换肾。经过商议，哥哥答应了。

交换顺利进行，哥哥得到了最后一张邮票。可是当兄弟俩回家时，才发现家中失窃了。那套邮票也没有了。哥哥拿着用一个肾换来的一张邮票，不知所措。

这个故事设计得相当精妙：当人们去追求什么时，却不知自己已经失去了更重要的东西。本来在父亲遗物中发现一套很值钱的邮票，已经是意外之喜。但兄弟俩却想卖更多的钱，那么就必须收集到最后一张。而那张邮票的拥有者又能找到，不论谁都会去试试看。

要获得最后一张邮票的代价是一个肾，这个代价非常大。但是兄弟俩要得到“完整的一套邮票”的欲望大过了代价，所以他们用哥哥的肾换到了邮票。

可是，生活是不按人的设计进行的。失窃是意外，兄弟俩拿到最后一张邮票，却失去了其他，这是一种巨大的失去，是一种自以为拥有一切，却发现原来一无所有的棒喝！

所以，人生在世，不论面对多大的得失，都要看淡一些，这样的人生更平静、更快乐。

当然，生活中的意外失去也是无处不在的，有许多时候得失不成正比，甚至成反比，怎样对待这样的问题，这主要取决于自己的心态。“看淡”二字，说来容易，如何做到？美国心理学家托马斯·摩尔这样说：“悲伤把你的注意力从积极的生活中转移开，聚焦于生活中最重要的事情。当你损失惨重或处于极度悲痛的时候，你会想到对你最重要的人，而不是个人的成功，是人生的深层规划，而不是令人精力涣散的小玩意以及娱乐项目。”

有位心理分析师去成都出差时碰到这样一个女孩，当时她的背包正被一辆疾驶而过的摩托车上的歹徒抢夺。奇怪的是女孩居然没有任何惶恐、愤怒和惧怕，心理分析师听到她自言自语地说：“你瞧，你整天计算来计算去，考虑怎么花那么点钱。现在钱没了，不用再计算了吧。好了，你该拼命了！”

心理分析师对这个女孩很好奇，就上前介绍自己，并邀请女孩约时间做个小访谈。女孩很爽快地答应了。

不出所料，女孩的童年很悲惨：她是成都人，两岁时父母离婚，母亲不知所终。父亲是个花花公子，对女儿一直缺乏关照。对她好的爷爷奶奶在她5岁时相继去世。其他的亲人中，姑姑对她不错，当爸爸把钱花在情人身上而忘了她的学杂费时，都是姑姑帮她垫上。

这种条件下的孩子，一般会有种种心理问题，她也不例外。她自卑，孤僻，却又渴望得到别人的关注。可不管是小心翼翼还是刻意讨好，她在别人眼中看到的只有冷漠和讨厌。小学四年级的时候，她想到了自杀。但是她内心深处突然蹦出一个声音对她说："你很惨，非常惨，但你有力量好好活下去！"

这句话救了她，此后，她不再关注别人对她的评价，也不再惧怕别人对她的拒绝和嘲讽。并且，她的性格也越来越开朗。到了初中后，她已有了许多朋友，也有男孩开始给她写情书。

她从上职高时就开始打工，做过酒店服务员、啤酒女郎和酒吧歌手等。职高毕业后，她又做过化妆品的推销员、杂志的业务员等工作。最近她辞去了所有工作，打算自己经营一家时尚小店。

心理分析师问她，被抢走的包里有什么？她说："今天本来打算去签合同，里面是货款，也算是我的全部财产。"

"那你怎么办呢？"心理分析师继续问。

"把路断掉，会更有生机！"她很平静地说。

这个女孩的经历和心理发展，几乎可以算是心理学上的一个"例外"，有那么悲惨的童年居然能成长为这样一个心灵健康的女孩。但分析一下，并不奇怪。因为这个女孩在四年级的时候，已经看淡了得失：一个人连死都不怕，还怕活下去吗？

很多时候，我们的痛苦来自纠结已经失去的事实，比如这个童年悲惨的女孩，妈妈离开她，爸爸不关爱她、爷爷奶奶去世、老师和同学经常奚落她等事实，都是“非常惨”的事实。

这种事实太难以承受了，所以在四年级之前，她拒绝承认很少有人爱她的人生真相。她神经质似的极其在乎别人的评价，无比渴望得到亲友、同学和老师的关爱。爸爸妈妈没有给她的，她渴望从别人那里得到。但没有人愿意承担这种重量，于是大家对她的索取都有些抵触。这反而让她的欲求更强烈。

当她想要自杀的那一瞬间，她最终承认了这一不可改变的事实，她承认那些失去的爱是不可能再得到的，她不再和这个事实较劲。而当她不再把力气花在刻意赢取别人关爱的努力上之后，她就解脱了。所以她的人生正常发展，她原来苦求而不得的关爱也随之而来。

所以说得和失是并存的，这是一对永远也不可以分开的亲兄弟，关键是你如何把握住机会，如何正确看待得和失这一辩证关系，让自己在失去的同时得到比失去还多的东西。

俄国诗人普希金在一首诗中写道：“一切都是暂时，一切都会消逝，让失去的变为可爱。”所以，我们如果学会了正确地面对失去，便往往能从失去中获得。

永远记住不必指望自己获得更多的东西，更不要惧怕失去更多的东西，因为人生之路，本来坎坷不平。“塞翁失马，焉知非福。”任何事都在得失之间，只有看淡得失者，才能从得失中解脱出来，真正拥有内心的平静。

杨安解脱小秘籍

- ◆承认那些失去的已经成为事实，允许自己彻底地悲伤一次，然后放下。
- ◆询问内心，我所求的是不是在弥补过去的失去？如果是，回到第一点。

◆思考自己有没有为了一个意外所得而生出更大的欲求心，如果有，多看看自己已经拥有的，默念“知足常乐”。

羡慕他人的幸福不如拥有自我的快乐

“不耻最后。”即使慢，弛而不息，纵会落后，纵会失败，但一定可以达到他所向的目标。

——鲁迅

羡慕别人，这恐怕是人类的一种天性。孩子仰慕大人的成熟，总想长大；成人却也留恋童真时代；普通人钦慕名人的卓越尊显，名人却羡慕普通人的平淡自适……

有一则寓言是这样写的：

在农场里，生活着猪、牛、狗、鸡、马等动物。这一天，它们坐下来讨论各自的愿望。

猪说：假如让我再活一次，我要做一头牛，工作虽然累点，但名声好，被人喜欢。

牛说：假如让我再活一次，我要做一条狗，不用出力干活，只要喊两声，就有吃有喝。

狗说：假如让我再活一次，我要做一只鸡，没有什么负担，渴有水，饿有米，住有房，还受人保护。

鸡说：假如让我再活一次，我要做一匹马，自由自在地奔驰在这草原上。

马看着天上飞过的鹰说：假如让我再活一次，我要做一只鹰，可以翱翔天空，云游四海。

此时，鹰看着地面上的动物们，心中想：如果可以让我选择，我真想做那头猪，每天躺着，除了吃，就是睡。

正所谓风景在别处，我们跟这些农场上的动物也很像，总是不由自主地会去羡慕别人的生活，羡慕别人所拥有的东西。却恰恰忽视了一点：也许我们自己也是别人所羡慕的对象！因为生活中，人们都习惯将自己最美好的一面展现给他人。可是每个硬币都有它的反面，其实我们看到的他人的幸福，往往只是一个表象。也许你在羡慕他的时候，他正在偷偷地羡慕你的拥有呢！

有一对姑嫂，坐在一起干活。嫂嫂突然说："我真羡慕你啊，年轻漂亮，想去哪里去哪里，想跟谁玩就跟谁玩。我没结婚前也是这样，现在是不行了。被家和孩子拴牢，哪里都去不了。"

小姑看了嫂子一眼说："你羡慕我，我可还羡慕你呢。"

嫂子不解地说："我这每天家长里短的日子有什么好羡慕的。"

小姑说："你有个好婆婆，我妈待你比待我好多了，好像你才是她亲女儿。我可不敢保证以后我也能碰上这么好的婆婆；你还有个好老公，你说什么我哥听什么，宁可自己省吃省喝也要给你买衣服；小侄子也好，这么大点人都知道帮家里干活了。你说，你不值得我羡慕吗?"

嫂子想了想，笑了。

这就是人生。没有谁的人生十全十美，所以，多看看自己生活中的美好，少用别人的幸福来对比自己的拥有，生活才会更快乐。

其实，那些对自己的处境感到不满的人，并不一定是过得有多么不如意，而是因为他们暗自将自己的生活状况跟别人比较，总觉得别人比自己更幸运、更幸福。而自己呢？无形之中好像就成了不幸的那类人。这样又谈何开心快乐？

下面是一个真实的案例。

一位老战士，在年过七旬时参加了一次战友聚会。回来后，老人就突发脑出血，幸好家人发现得早，送医及时，多方抢救才保住了性命。

后来，经过家人询问才知道，老人在聚会上看到了原来很多战友都过得比自己好：留在部队里的，有的已经当了将军，最普通的也是师级干部；转业从政的战友中，有的是厅局级，最差的也是县处级；经商的更是财大气粗，穿名牌，开宝马……老人想到自己转业后只是个小工厂的车间主任，退休后养老金也不多，看看战友，比比自己，越比越生气，一着急就气出了脑出血。

这就是因为羡慕他人而产生的悲剧。其实我们常常觉得自己过得不快乐，那是因为我们追求的不是真正的幸福，而是“比别人幸福”“过得比别人好”。如此一来，总拿自己的短处去比别人的长处，就很容易陷入对自己生活不满足的状态。到最后，对他人的羡慕多一分，对自己的不满也就多一分，一旦陷入了这个旋涡就难以自拔，久而久之还会损己害人。

关于这个主题，我们用一个小故事来作为总结：

有一只小老鼠整天被猫追，它感到非常苦恼。就向神仙祈祷：要是我能变成猫就好了。

神仙听到了它的祈求，真的把它变成了猫。可是变成猫以后又被狗追，还是很痛苦。它又向神仙祈求让自己变成狗。神仙又答应了。

变成狗后，它每夜都为狼的出没而胆战心惊，因此它再次祈求神仙让自己做了狼。

成为狼之后，它才知道森林里还有那么多比狼厉害的猛兽，于是又央求神仙把它变成了老虎。

老虎捕猎也不容易，还要常常跟别的老虎争地盘。它想还是做大象吧，吃草，也没有天敌。神仙还是答应了。

小老鼠变成大象后，突然有一天它的鼻子痒得受不了，令它恨不得把自己的鼻子割下来！百般折腾后，从它的鼻子里边钻出来一只小老鼠。大象忍不住大叫：神仙，求你把我变成小老鼠吧！

神仙说：可是你不就是一只小老鼠吗？

所有的幻觉都消失了，小老鼠还是小老鼠。这时，它才明白神仙的点化之意。

所以，每个人都应该热爱自己的生活，珍惜自己的幸福，不要总把目光放在别人的身上。以免像小老鼠一样，绕了一大圈才发现，原来自己的其实才是最好的。

杨安解脱小秘籍

◆如果你羡慕或者嫉妒，正是你不如人的表现。

◆自爱，自尊，不自大。

◆很多东西总是得到之后，才发现没有开始想的那么有价值。

理想是动力，奢望是枷锁

理想对我来说，具有一种非凡的魅力。我的理想……总是充满着生活和泥土气息。我从来都不去空想那些不可能实现的事情。

——奥斯特洛夫斯基

理想作为一种精神现象，是人类社会实践的产物，代表着人们对美好未来的不懈追求。理想也是人的心灵世界的核心。有无理想，有什么样的理想，很大程度上决定了人生是高尚充实，还是庸俗空虚。

根据调查研究，认为理想不重要或自己没有理想的人几乎是不存在的，但在理想的具体内容及对理想的认识上容易出现一些误区，因此人们为自己设定的理想也难免会存在这样或者那样的不合理性。

比如我们知道，如果汽车超速行驶，结果很可能是出车祸，理想作为动力也是如此。一旦超过了一个度，当理想成为幻想，希望成了奢望，那么带来的往往不是美好的前景，而是可悲可叹的现状。

2007 年因过度追星造成老父自杀的事件，就可以看做是因为奢望而酿造的悲剧。

悲剧的主人公是一名兰州的杨姓年轻女子。据说，她从 1994 年开始，因为一个梦而迷上一位香港著名歌星，之后十余年痴心不改。

在做这个梦之前，她只知学习从不追星，不仅成绩出众，还是优秀班干部。但做这个梦之后，她“昼思夜想，失眠、吃不下饭，甚至把自己关进房子里，不与任何人说话”，只关注和那位歌星有关的事情。她的理想，就是能见这位歌星一面，得到他的签名，跟他说一会儿话。

为了帮女儿圆这个梦，她父母一次筹借 1 万元，一次筹借 5000 元，最后又卖掉不足 40 平方米的住房，让女儿去北京和香港观看这位歌星的个人演唱会。但是这些倾家荡产的举动并没有让女儿达成愿望。

最后，一家三口还举债赴香港，虽然女儿终于如愿跟歌星合影，但还是没有实现跟他单独说话的愿望。为此，老父竟然跳江自杀。

这个事件当年轰动一时，很多有识之士都从心理学、精神学、社会学、教育学等方面给出种种分析和解释。但从生活哲学来看，似乎要先质疑：杨女这样的“理想”，值得花如此大的人力、精力和感情去实现吗？

不可否认，这个理想带给杨女的动力很大，让她可以只关注那位明星的事情，只收集跟那位明星有关的报道，而且13年如一日。杨家帮助女儿实现理想的动力很大，一家人倾其所有，只为让女儿实现自己的理想。

可是，在这个狂热的过程中，难道就没有人去想一想，当理想成为捆绑生活的理由，当理想已经让生活因素无法正态分布，那理想就不是生活的动力，而是人生的桎梏，是生命的枷锁！杨父之死，为这个悲剧画上句号，但是不等于再没有奢望，借理想之名而肆虐。

比如说，大多数家庭都希望生个儿子，这无可厚非。但如果为了生一个儿子，小则超生，大则采取种种手段查性别，甚至在胚胎期采用激光等仪器“改性别”，就是已经把一种理想演化成了变态的奢望。这样的结果往往是既不能如愿，又害人害己。

这类因为“过度”理想而酿成的悲剧在各地以各种版本上演，其核心因素都是由于本来应该成为动力的心，却因为膨胀扭曲成了苦果的因。

所以无数禅师都开解世人，要想让自己的一生过得快乐幸福，就必须接受不能够改变的。这不仅是一种胸怀，更是一种境界。

而对于理想，一方面，我们也应当采取知足常乐的态度来对待，不要为自己设定一些根本不可能实现或者短期内无法实现的理想。另一方面，即使理想非常高远，当前无法实现，也要善于肯定自己已经取得的成绩，从而获得快乐。

以前有一个农夫，每天在田间辛勤地耕作，即使农作物都收割完了，他也照常去地里，或者锄草，或者翻地，总是不停手地劳作。

有人问："你这么忙碌，为了什么啊？"

农夫说："我听老辈人说，只要勤劳作，地里也能生出金罗汉，我想试试看。"

这人大笑道："你这个傻子，那是劝人要勤劳的意思，地里哪里会有金罗汉啊！"

但是农夫还是继续日日在地里忙碌。

他的诚心感动了一个下凡的神仙，就施法让他真的在地里挖出了一个金罗汉。这下，他的家人和朋友高兴不已，说是皇天不负苦心人。可农夫却闷闷不乐，整天愁眉苦脸的。

邻居忍不住问："金罗汉都给你挖出来了，你还有什么不满意的呢？"

农夫叹了口气说："俗话说十八罗汉，我现在只找到了一个罗汉，还有十七个在哪儿呢？"

光看故事，也许觉得这个农夫很愚蠢，其实我们身边有不少这样的例子。很多人在为理想奋斗的时候，干劲十足，凭着勤劳和努力，加上一点聪明和运气，确实也能做得不错。但是人心不足，一旦欲望的口子打开就很难再合拢。于是一步步将自己拉入罪恶的深渊，最后或者身败名裂，或者一无所有。因为腐败落马的高官，因为盲目做大而资金链断裂的企业，都属于这类情况。

这类人的可悲之处，是把理想等同于对物质或者权力的追求，认为理想就是获得更多的物质享受、得到更大的支配权。但人的欲望无穷，所得有限，所以当欲望成为奢望，人就会做出不合理的举动，因此得到的下场也就可想而知。

其实，追求理想，跟知足常乐一点都不矛盾。因为知足，就是对自己现在的生活、工作以及其他的事情感到满意，不苛求办不到的事情，也不强求本不属于自己的东西，并不是让人放弃追求止步不前。这是针对目前的状况而已，并不囊括未来的前途。

所以，一个有理想的知足常乐的人，是对于现在适当地满足，使得自己能够得到些许放松，从而精力充沛地投入到未来的学习工作中去。因为知足，他们懂得盘点自己拥有的东西，好好珍惜，便没有了患得患失的心理负担。所以，知足不是放弃努力和理想，相反，是对自己过去努力的肯定，是将自己从奢望的枷锁中解脱出来的唯一捷径。

杨安解脱小秘籍

◆拼命想得到的东西，往往都不是最需要的。

◆动力往往来自两种因素，希望，或者绝望。

◆当你手里握有东西的时候，你只能先放下来，才可能去拿其他的。

人若知足，心自安

春有百花秋有月，夏有凉风冬有雪；若无闲事挂心头，便是人间好时节。

——宋·无门慧开

今天的我们不快乐，不是因为拥有的东西太少，而是想要的东西太多。可是，人并不是拥有良田千顷、广厦千间就能快乐满足的！真正的快乐是：胸中有智慧，心里无挂碍！一个人即使钱财再多，名位再高，若有太多的是非计较，那么钱财越多，名位越高，徒然越放不下，快乐又何从谈起？

所以，学会知足，才能用一种超然的心态对待眼前的一切，不做世间功利的奴役，也不为凡间各种烦恼牵累所骚扰。因此，知足，是一种伟大的生存智慧。

古希腊哲学家苏格拉底还是单身的时候，和几个朋友挤在一间七八平方米的小房子里，但他却每天都乐呵呵的。邻居问他："和那么多人挤在一起，连转个身都困难，你有什么可高兴的？"苏格拉底说："和朋友们在一起，随时都可以交流思想，交流感情，难道不是值得高兴的事情吗？"

过了一段时间，朋友们都成了家，陆续搬走了。小屋子里只剩下苏格拉底一个人，但他仍然很快乐。邻居又问："现在只剩下你一个人了，不孤单吗？你还有什么好高兴的？"苏格拉底又笑着说："我有很多书啊！一本书就是一位老师，和这么多老师在一起，我时时刻刻都可以向他们请教，这怎么不令人高兴呢？"

几年后，苏格拉底也成了家，搬进边上一栋七层的楼房。但他的家在最底层，既不安静，也不安全，还不卫生。那人见苏格拉底还是一副其乐融融的样子，又问："你住这样的房子还快乐吗？"苏格拉底说："你不知道一楼有多好啊！比如，进门就是家，搬东西方便，朋友来玩也方便，还可以在空地上养花种草，还有很多乐趣，只可意会，无法言传。"

又过了一年，苏格拉底把房子让给了顶楼的一位朋友，因为这位朋友家里有一位偏瘫的老人，上下楼不方便。那人见到苏格拉底还是每天笑容满面，便又问他："先生，住七楼又有哪些好处呢？"苏格拉底说："好处多着呢！比如说吧，每天上下几次，这是很好的锻炼，有利于身体健康。光线好，看书写字不伤眼睛，没有人在头顶干扰，白天黑夜都非常安静。"

这就是伟大的哲学家面对生活的态度。毫无疑问，这样的心灵是不会被束缚的。从另一角度来看，也正是因为有这样知足的心境，所以苏格拉底才能成为伟大的哲学家。试想，一个整天为生活的琐事而纠结的人，又怎么能有沉静思考的心灵呢？这再一次证明，提倡知足，不是推行一种庸碌的价值观，而是为了让心从世俗的欲望、虚荣、迷失中解脱出来，获得宁静和安适。正所谓“心中无事一床宽，眼内有沙三界窄”，就是这个道理。

在香港首富李嘉诚的办公桌上，有两块小玻璃，上面是李嘉诚自己写的两段话，一段是：“求百事之荣，不如免一事之辱；邀千人之欢，不如释一人之怨。”而另一段则是：“春有百花秋有月，夏有凉风冬有雪；若无闲事挂心头，便是人间好时节。”这是李嘉诚的处世之道。

虽然相比于李嘉诚的内心世界，普通人更感兴趣的是他的财富帝国，更津津乐道于他的奋斗历程。其实这两段话无形中道出了他自20世纪80年代开始，一步一步走向世界，且几乎从无败绩的潜在能量：知足者心安，心安者难以被束缚，所以更容易在事业上做出成绩。而李嘉诚在日常生活中的克己和自律、节俭，从侧面也证明了这一点。

也有人会说，我现在很知足，但是我却感觉生活越来越没劲。这不是知足常乐，这是知足不乐！

这样的情况并不少见。其实这种知足，不是真正的知足，而是一种对生活失去动力和渴望的厌倦。有这样心理的人，往往处于社会中层，事业有成，家庭和睦，孩子优秀。他们之前也为生活打拼，但是当那些物质目标基本达成后，他们会觉得空虚。有个心理咨询者的案例可以说明此类问题。

这位咨询者是个中年妇女，她容貌姣好，言行举止中体现出很

好的教养和风度。经过交谈，咨询师得知她有个很不错的老公，双方都是公司的高管，婚姻美满幸福。目前有一个孩子，正在念小学。

她求助的问题很有代表性：自己对孩子的成绩太在乎，在乎到孩子多考几分她就欣喜若狂，少考几分就怨天尤人，家人和孩子都被她搞得非常累。

受过高等教育的她并不是愚妇，从理智的角度她很清楚现阶段孩子更需要快乐，需要自由发展，也理解小学几次考试成绩跟孩子的将来没什么直接的关系，可就是不能摆脱这样的心理，像中了魔咒一般。

咨询师在跟她仔细对话后，发现她经常重复一个句式："我现在的生活也就这样了，我知足了，不过……"

最后，心理咨询师帮她分析，其实她潜意识中的"知足"让她默认停止了自己的发展，将对自己的希望无限放大到孩子身上。而目前孩子的可量化的标尺只有成绩，所以就出现了如是情况。

对此，咨询师建议她去报个瑜伽或者大提琴之类的班，让自己从那种虚假的"知足"中脱离出来。当消极的情绪被化解，她自然不会再对孩子的分数斤斤计较。

所以，如果你感到知足，内心充满平静，而且对生活更充满信心，那你的知足就是积极的。

如果你一边说你很知足，说完后，却感觉生活越来越没劲，那你的知足就是消极的，是一种对世界厌倦的虚假"知足"。这种"知足"不是解脱，而是另一种桎梏，会让人失去生命的力量。乔布斯说的"保持渴望"，就是要避开这种消极的知足。

杨安解脱小秘籍

◆购买些经久耐用、容易修复、节能、对环境没有污染，同时又具备美感的物品。

◆多花时间陪伴家人，而不是消费或者娱乐。

◆接触土地，保持自然的生活方式，减少过商业化的节日。

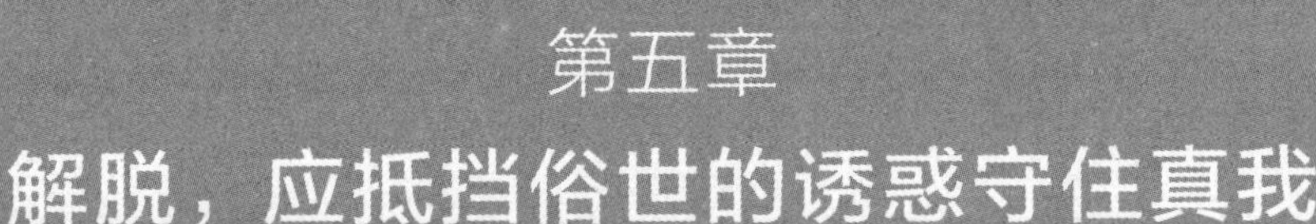

第五章

解脱，应抵挡俗世的诱惑守住真我

俗世的诱惑不外乎纸醉金迷、灯红酒绿、声色犬马。可是，人生任何美好的享受都有赖于一颗澄明的心。当一颗心在低劣的热闹中变得浑浊之后，它就既没有能力享受安静，也没有能力享受真正的狂欢了。所以，解脱，就要抵制俗世的诱惑，守住真我。

心神有破绽，才会被迷惑和驱使

心灵反映生活，面貌反映心灵。

——巴尔扎克

这个世界对人的诱惑是多种多样的，从物质到精神，从外在到内心，可以说让人防不胜防。比如我们每天都要面对的广告和推销，或多或少都是在利用人的心理达到成交的目的。在推销界，有个很著名的例子，是关于暗示的。

美国推销员帕特去参加一个公司的董事会，这是他最后一次可能推销出空调设备的机会了。为了完成这个任务，他已经跟这个公司周旋了几个月。

帕特被要求在董事会上向全体董事介绍这套空调系统的详细情况，最终由董事会讨论和拍板。而在此之前，其实帕特已向他们介绍过多次，但他们的反应一直很冷淡。

在会上，董事们的反应依然冷淡，而且提出了一连串问题刁难帕特。他口干舌燥，心急如焚，脑门上也急出了汗。

急中生智，帕特环视了一下房间，说："今天天气很热，请允许我脱掉外衣，好吗？"说着掏出手帕，认真地擦着脑门上的汗珠。

这个动作引起了在场的全体董事的条件反射，本来这么多人在一起就有点闷，这下董事们更是觉得闷热难熬。于是有人也开始脱外衣，也有人开始抱怨说："天气这么热，这房子是该安上空调，不然闷死人啦！"

最后的结果不难猜想，帕特成功地将这笔大生意成交了。

这个案例经常被用来说明营销者应该如何激发客户内在的需求，其实从心理学角度来分析，这是人的一个心理现象，也说明人是会被暗示的。如果这种暗示是对我们有利的，激发正能量的，当然是好事，比如自我激励。但如果这些暗示未必带来益处，比如让我们买下自己实际不需要的东西，或者过度的消费，身不由己的背叛等，那么就需要我们守住心神，抵制诱惑了！

在这里要先厘清一个观念：世界上的诱惑无处不在，而人在诱惑下做了自己觉得不该做的事之后，最常见的第一反应，就是推卸责任。比如买了多余的东西，就怪推销员忽悠；玩一夜情出轨，就怪当时气氛太暧昧等。甚至有这样的事：某女子中秋节贪食大闸蟹，多吃了几只，造成严重消化不良，以至于连夜住院。结果在医生批评她不该一口气吃那么多蟹的时候，该女子还振振有词：谁让这螃蟹太好吃！病房里的医生护士皆不知如何作答。回过头来看，也就能够明白人为什么总是容易被诱惑，因为人认为"都是诱惑惹的祸"，却不反思根本问题出在自己身上。

明白了这点，其他的问题其实不难解决。举个最简单也最常见的例子：很多人都知道睡懒觉不好，但是起床时总是觉得多赖 5 分钟也好。如果把早晨温暖的被窝作为诱惑的一个代表，我们来看一位心理学教授是怎么样帮学生戒除这个毛病的。

学生："老师，我很想改掉睡懒觉的毛病，可是真的很难。"

教授：“你都做过什么努力？”

学生：“我试过逐步把闹钟订早五分钟，可是闹钟响了我还是起不来。我还试过把闹钟放得很远，不得不起来去关，可是关了后我又忍不住爬回床上。我还试过请室友监督，要是不起床就请他们吃饭，可是我宁可请客也起不来。几次后室友也不好意思再吃了，还有……”

教授：“你不想睡懒觉，这点很好。可是你有没有想过，你想早起是为什么啊？”

学生：“我要有更多的时间学习，我要做个勤奋的人，我要……”

教授：“我们来做个假设：如果你知道，明天早上在学校教学楼顶楼有一场盛大的舞会，我们各院的著名美女都会到场，你会早起去参加吗？”

学生：“当然会。”

教授：“如果城市另一端有个寻宝活动，早上6点开始，先到先得，最高能得5万元，你会去吗？”

学生：“会去，我一定会在6点前就到达。”

教授：“最后一个假设：如果你早上5点接到电话，某位亲人过世了，你还睡得着吗？”

学生：“睡不着，我马上起来请假然后回家。”

教授：“你应该已经明白了，你总是没法早起，不是你做不到，而是你自己不想起来。这样你就算放八个闹钟都没有用。如果你真的想戒掉这个毛病，就要做到让自己真正想早起。”

学生：“我明白病根所在了。但是我该怎么做呢？”

教授：“你给自己设计的那些早起的原因和理由很难起作用，是因为它们太空泛，空泛到可以推到无限个明天去完成。你要抵制床的诱惑，在自我控制力还不够的情况下，就找个比它更大的诱惑吧。但具体是什么，需要你自己来决定。”

学生谢过教授走了。据说，他后来给自己找了一个非常有用的早起理由：去舞蹈学院的操场跑步，因为他暗恋某女生已经有一段时间了，而该女生每天准时6点跑步。

这个案例为那些想要抵制诱惑但是自控力又不够的人提供了一个办法：如果不能抵制诱惑，就找一个更强大的、对自己更有利的理由来诱惑自己，让天平向着好的一方倾斜。当然前提是，你自己真心地想摆脱诱惑，想做一个有解脱能力的自由人。

关于这点，其实心理学上有很多相关的论证，但归根结底就是一句话：人内心的潜能大到你无法想象。所以，在理论上，你可以做到一切事。如果你没有做到，先从内心开始审视。

我们可以用一个极端的例子来说明问题：催眠。

很多人对催眠都有误解，认为人在催眠过程中，会被催眠师引诱着去做一些违法乱纪的事。但真正懂行的人会告诉你，其实再高明的催眠师也无法让人去做内心不愿意的事。如果真的有客户在催眠的情况下做出他平时不会做的事情，那么只有一种可能，就是那件事其实是他内心深处想做，但又没有做的。

换句话说，催眠激发的是人内心的真实想法。而那些心底的欲望，往往是这个人从来都没有意识到的。

这也说明，人养成反观自己的习惯有多重要。经常问问自己的内心，多想想什么才是自己真正需要的，可以让你减少很多不由自主的被诱惑，以免后悔莫及。

下面提供几个让心神安宁、呈现真我的方法：

1. 静坐

随着尘世的日渐浮躁，更多的人开始认识到静坐的好处。它让我们

从身在局中的环境中脱离出来，以一种冷静、清灵的态度看待人、看待事，包括自身。很多事可能一下就想明白了：原来是这样！要知道，人不怕不聪明，就怕看不明白，却还计划这个，盘算那个，到最后累得心力交瘁，还不知道问题出在哪里。而静坐，则是最简便的解脱之道。

2. 冥想

如果你已经有一定静坐的根基，不妨开始尝试冥想。关于冥想的说法很多，简而言之，就是一种激发潜能，让身体内的宇宙循环的方式。冥想能够让人达到一种天人合一的状态，并且可以感受到无上的精神享受，绝非一般的物质享受所能比拟，所以是抵制诱惑解脱内心的最好办法。试想，有山珍海味吃的时候，谁还吃馒头大饼啊！

不过，关于冥想有些禁忌需要注意。因为人在冥想中是一种全身心开放的状态，也是非常容易受惊扰的状态。关于详情，此处限于篇幅，无法详细解说，可参看相关专业书籍介绍。

3. 反省

如果你不能做到冥想，连静坐也有实际困难，那么每天抽时间反省一下，应该不难。不用多，5 分钟就够了。想想自己今天做了什么违心的事，可以提醒日后不用再犯。这样，虽然未必能够帮你完全解脱，但是可以让你的心减少被诱惑控制的可能性。如能坚持，时日久了，解脱自得！

杨安解脱小秘籍

◆发展自己的各种潜能：体能、情商、智能，灵性。学习如何以一颗平和同时又充满激情的心走过人生。

◆降低个人消费，将之投入到自我提高上。

◆尝试做社区的义工，有条件的情况下接触贫穷地区的救济工作。

人人都有与众不同的精彩

你们时间有限，所以不要浪费时间活在别人的生活里。

——史蒂夫·保罗·乔布斯

世界上没有两片相同的树叶，也没有两个完全相同的生命。我们的确是渺小的、平凡的，甚至微不足道的，但我们每个人，都是芸芸众生中独一无二的！这，就是我们存在的价值。

生活就像穿鞋子，光鲜亮丽的皮鞋可能夹脚，平底布鞋却让人舒适，所以，鞋子舒不舒服，只有脚指头知道。我们的生活，也不必跟别人雷同，更不必用别人的标准来要求自己。

要知道，每个生命都有自己独特的美好。如果放弃自己的特色，去效仿他人的精彩，那就是作茧自缚了！

一位在社会上混得很不错的老总，因为长年的神经衰弱而不得不求助心理医生。他说大学一毕业，就信心百倍地自己创业。他的目标很远大，在事业上要像×××那样做大做强；在生活上要像×××那样过随心所欲的日子；还要像×××那样带着摄影机到世界各地旅游……

心理医生问：那么你实现了自己的目标了吗？

这位老总说，过了这么多年，虽然有了自己的公司，有了不错的房子和车子，也走了不少地方，但是跟自己原来的设想还是差别太大。所以他越来越压抑，脾气也日渐变差，身体更是一日不如一日。

心理医生告诉他，他的症结所在，就是在制定目标的时候，以别人的成功作为自己的标准。但是每个人都是不一样的个体，不要说复制那

么多个体的精彩生命，就算是复制一个也是不可实现的。

接着，心理医生问他，可有什么觉得不错的爱好或者特长？这位老总想了想说，自己的大提琴拉得不错，还做得一手好菜，一道清蒸鲥鱼更是让吃过的朋友都赞不绝口。

这就是了！心理医生笑着告诉他，其实他的生命已经非常美好了，如果他不是被别人的光芒误导，那么他该过得多么幸福啊！

世间每个人都在自己的空间里享受着自己的生命，以何种形式享受，与性格有关，与取舍有关，与处境有关，与职业有关，但是跟他人无关。尼采说，要爱命运。其实是告诉世人，要享受自我的生命，并保存足够的自信和定力。否则，自己就先被俗世价值定论推来搡去，那又何谈生命的精彩和意义？

要知道，生命是自己的，不必用别人的标准来衡量自己的人生。如果满足所有人的标准，最终只会迷失自己。所以，不要迷失在别人的评价里，用心倾听自己内心的声音，做真实的自己。

佛说，每个人都有自己的绳索，一圈一圈地把自己绑起来。有些人乐在其中，有些人幡然醒悟，关键是在自己的生活中，是否遵循自己的内心。这需要的不仅仅是勇气，还有心灵的深思。

有一位画家把自己的画拿到市场上展出。为了了解自己的不足，他在画旁放了一支笔，并附上说明：每一位观赏者，如果认为此画有欠佳之笔，均可在画上涂上记号。

晚上，画家取回了画，发现整个画面都涂满了记号，没有一处不被指责。画家非常伤心，觉得自己实在没有画画的天赋，太失败了。

他的朋友看到他垂头丧气的样子，就说：不如换一种方法去试试吧。

他建议画家再展出一张画，但换个方式：请观赏者将其最为欣赏的妙笔都标上记号。

当天晚上，当画家再取回画时，他发现画面又被涂满了记号——全是赞美的标记，包括之前曾被指责过的地方。

画家不无感慨地说："我明白了，我们不管干什么，都不可能让所有人满意，因为在有些人看来是丑恶的东西，在另一些人眼里则恰恰是美好的。"

故事里这个画家的情况，在我们现实生活中很常见。同样的事，同样的人，常常会得到不同的待遇。某些人眼里的天才，在另外一些人眼里却被视为蠢材；某些人眼里的英雄，在另外一些人眼里却被视为懦夫。这并不奇怪，因为每一个人的眼光不同，理解事物的角度也不尽一样。

所以，最后肯定你价值的，是你自己。

当然，我们的立场往往决定了我们的行为，我们的出发点可能已经预见了终点。有些人总是觉得自己失败，其实并不是他不优秀，而是败在自己的错觉上。那么，怎样改变自己的错觉，发现自身的精彩呢？

首先，不要用自己的弱点同别人的优点比，用自己的失败跟别人的成功比。

不可否认，我们身边有很多人是喜欢把别人当做标准的。做学生的时候，父母说："你看谁家的××，考了多少分，再看看你……"；成年后，爱人说："你看隔壁的××，又买了××……"；工作中，上司也会说："看同事××，业绩多好……"；甚至走在大街上，都能听到这类话，不外乎是拿一个他人的标准来衡量身边的所有人。

如果习惯于这样的比较，人慢慢也会不自觉地用别人的标准来衡量自己。固然，在社会心理学上，这是人作为群居生物的一个标志，但从个人内心的解脱来说，这样的从众心理，并不适合心灵的自由。

因为每个生命都是与众不同的，而社会的价值观、审美观等永远只代表这个时代的一部分观念。所以如果因此而过分夸大自己的弱点，选择自己的弱项，你就会给自己贴满无能的标签。要知道，一个天才认为自己是侏儒，那么他就会真的成为一个精神上的侏儒。

其次，不要被别人一时的评价所左右。

别人的评价经常是情绪化的，而不是理智的，因而这种评价也是盲目的。如果我们按别人的评价来认识自我，将会陷入迷局。

其实，要想活出自己的精彩并不难，只要明确知道自己要什么，坚守内心，平衡身心。有位哲人曾说：高处有月亮，但是假如你的目标是苹果，就不必飞得那么高。因为如果你的目标是苹果，而你飞到 1 万米高空，那么你既得不到月亮也看不见苹果。

我们的生活也就是这样。如果你是鹰，那就展翅高空；如果你是鸡，就不要用鹰的翱翔来困扰自己，做一只快乐的鸡，也是生命的精彩！

杨安解脱小秘籍

◆你不能改变他人的评价，但可以选择面对的态度。

◆了解自己，而不是让别人判定你。

◆提醒自己，每个人来到世界上，都是唯一的。

别在声色犬马中沉沦

请把我的双手放在棺材外面，让世人看看，伟大如我恺撒者，死后也是两手空空。

——恺撒大帝

生活中的诱惑实在太多，金钱、名誉、地位、权力、爱情、理想、名车、豪宅……在为满足诱惑而追逐的过程中，也在不知不觉中拥有许多。其实，这些有的是我们必需的，而更多的却并不是非有不可的。

非洲草原上的狮子，只要吃饱了，就算羚羊从它面前跑过去，它都不会去追逐，因为这时候，羚羊已经不是它所必需的。有位禅师说：如果你吃三个包子就饱了，那么你吃的第四个包子就算浪费。其实也是告诫世人，不要过分追求自己不需要的东西，并为此付出心力，反而成为生命的负担。

在好莱坞，几乎所有的人都知道这样一对夫妇：每天晚上，他们都出门到罗曼诺夫饭店用餐，喝罗姆酒，到莫坎博或因特尔卢德夜总会跳舞。他们的希望就是，能够见到从未见过的明星。

这对夫妇来自伊利诺伊，丈夫约翰逊是一家航空公司的职员。他们积攒了一些钱，生活得还不错，没有任何麻烦打搅他们的正常作息。他们也很少到电影院看电影。后来，约翰逊先生被调到好莱坞，悲剧由此启幕。

在伊利诺伊的朋友和亲戚们给这对夫妇写信，问他们是不是见过弗兰克·辛纳特拉或者凯瑟琳·赫本。那些人天真地认为，在好莱坞，人人都可以见到想见的明星。

约翰逊夫妇很诚实，他们不想撒谎。他们想方设法同一些人联系，希望这些人有可能给他们介绍这些“不可接近的人”。可是毫无结果。后来他们向一个报刊广告代理求教，那个人建议他们去明星们经常出入的场所碰碰运气。他们接受了这一建议，原来的好奇慢慢变成了狂热，他们也卷入那些奢华的场所不可自拔。

要知道，在比奇科默这样的地方，一杯加一点罗姆酒的牛奶咖啡至少要十几美元。他们的收入根本无法支持这样的生活开销。3 年后，约

翰逊先生在债务压力下丧失了在公司内的职位，最终一贫如洗，而约翰逊夫人也落了个进入疯人院的下场。

试想，如果约翰逊夫妇没有接触那种纸醉金迷的生活，而是一直留在家乡，也许未必一生如意，但至少不会面临这样的厄运。当然，这不能怪别人，只能怪他们自己不能抵制俗世的诱惑。

在“没有金钱是万万不能”这样一个时代，面对各种俗世的诱惑，因为欲壑难填而锒铛入狱的大有人在。无论你多么聪明能干，一旦陷入声色犬马的欲望之中，就会成为金钱和物质的奴隶，陷入万劫不复的深渊。

诱惑看起来是从外面而来的，眼见的红男绿女，万种风情；耳听的靡靡之音，声色货利，以及轻柔淡雅的香味，还有那轻柔温暖的感触，甚至一些刺激嗜好的食品，所谓财、色、名、食、睡的绳索，就会把自己紧紧地捆绑起来。

其实，人不能怪外境的诱惑，因为一切色相，先由其心而发。归根结底，这是因为自己的内心无力，才抵制不了外境的诱惑。所以，面对世上的各种诱惑，我们要擦亮双眼，守住内心。

抵制诱惑的办法，就是洁身自好，不要和诱惑较劲，离得越远越好。

在《战国策》中，有一则故事，叫做颜斶见齐王。

颜斶是战国的名士，齐王召见他，他对齐王提出的建议，让齐王非常赞叹，于是请求颜斶留下。

齐王许诺，他会把颜斶当做自己的恩师，让他吃最好的肉，出门有华贵的车，连妻子儿女都跟着享受荣华富贵。

但是颜斶拒绝了。颜斶说，如果自己接受这些豪奢的衣食享受，那早晚将对自己的志向和气节有损，会使自己“形神不全”。他说自己对生活的要求，就是晚点吃饭，就像吃了肉一样；稳稳走路，就当做坐车；不犯罪，就是高贵。因此最终告辞齐王而去。

后世人认为，颜斶懂得生活要返璞归真，抵制了常人难以拒绝的诱惑。所以他在战国那样风起云涌的年代，一生都活得平安快乐，“终身不辱也”。

虽然说，不接触诱惑，是从诱惑中解脱的釜底抽薪之计，但现代人的交际范围比古人广，需要应酬的地方也比古人多得多，所以，如果强调为了抵制诱惑而过清心寡欲的日子，是不现实的，因为毕竟谁也不是清教徒。那么，为了让心灵不至于被世俗的享乐污染，我们至少应该做到不在声色犬马中沉沦。

其实，如果看一下身边那些真正的功成名就者，我们不难发现，他们几乎都不是纵情声色或者豪奢度日的人。因为他们太知道那些东西只不过是一时的繁华，他们不沉溺、不沉沦，因为他们有更重要的信念去实现，去追求。

反之，那种日日笙歌夜夜狂欢的人，往往并不是真正有信念的人。正因为他们没有自己的信念，所以会在红尘中迷失真我。最终把假的当做真的，把虚的当做实的。所以，要想守住真我，不在低俗的享受中沉沦，就要有一个真正的信念。

1. 要警惕第一次接触诱惑

有时候，人面对诱惑时，会自我宽慰：仅此一次。其实，“一”是万物的起点，有什么样的开始，就可能有什么样的结果。有个关于“第一次脏鞋”的故事是这样的：

一个轿夫穿了双新鞋出门，不料天下雨了。刚开始，轿夫小心翼翼

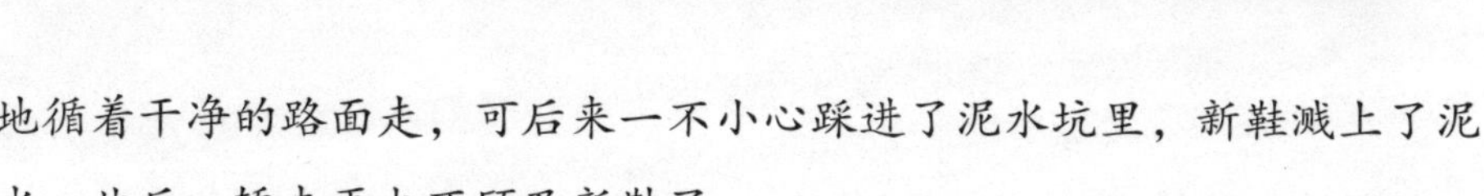

地循着干净的路面走，可后来一不小心踩进了泥水坑里，新鞋溅上了泥水。此后，轿夫再也不顾及新鞋了。

“仅此一次”的想法，就如同打开潘多拉魔盒，有了一次就会有第二次。因此，在第一次面对诱惑时，一定要坚守内心，不要因一念之差而酿成终身之祸。

2. 面对声色犬马的诱惑，要有勇气说“不”

很多人其实并不喜欢灯红酒绿的环境，但是却没有勇气拒绝。比如面对同事的邀请，面对客户的需求，面对下属的巴结，又或者面对情人的要求等，内心总是被外界胁迫最后妥协。而当妥协成为一种习惯，他可能就不自觉地沦为声色犬马之徒了。

3. 养成健康良好的习惯

几乎所有声色犬马的行为，都是打破正常的生活规律和健康作息的。比如熬夜，听高分贝的音乐，纵欲，过度饮食，吸取大量刺激性气体，超负荷游戏等。所以，如果一个人有固定的、健康的生活习惯，是可以抵制很多不良诱惑的。

杨安解脱小秘籍

◆用其他的方式来代替过分的消费和享受，比如阅读。

◆和家人或朋友一起，为彼此的健康互相鼓励和努力。

◆反对或者拒绝购买那些行为、策略不道德的公司的产品。

别让他人的所有成为自己的陷阱

如果我们仅仅想获得幸福，那很容易实现。但我们希望比别人更幸福，就会感到很难实现，因为我们对于别人的幸福的想象总是超过实际情形。

——《牛津格言》

在这个变化飞快、物质丰富的现代社会，人们想要追逐的东西太多，又不能每一样都顺心意，情志自然就不顺，气机就不顺畅，就郁结。《伤寒论》里，张仲景曾写道："怪当今居世之士，曾不留神医药，精究方术……"就已经觉得人太不爱惜自己了。而我们现代人其实不只是"不留神医药"，而是根本不留神自己的情况下，去更多地留神名利。其结果必然是一方面哀叹自己的不幸，另一方面却对他人所拥有的羡慕不已。

甚至，连本该天真无邪的小孩都越来越不快乐了！比如他看到隔壁的同龄孩子有了一个新玩具，他也想要，但父母不肯买给他。父母告诉他，因为爸爸妈妈没有那么多的钱。他明白了，如果是懂事的孩子，就不哭了，忘了这件事，笑着去玩了。但也有的孩子会进入另一种心态：为什么你有我没有？为什么你家比我家有钱？为什么……这样的心态放大一下，就是现在社会上一些抱怨为什么自己不是"官二代""富二代"的声音的由来。

有个禅宗的小故事，能够很形象地说明这个问题。

古时有一个大财主，五十岁时得了一子，甚为珍视。

但这个孩子从生下来就只会笑，不会哭。财主想尽各种办法，夺他东西，不哭；骂他，不哭；打他，也不哭。适逢高僧云游至此，财主就请他看看，是否孩子智力有问题。

仆人把孩子抱来。孩子不认生，冲高僧嘻嘻直笑。高僧顺手从果盘里拿出一根香蕉和一串葡萄，在小孩面前一晃。

小孩想了想，伸手接过了葡萄，并微微一笑。

财主在一边解释：“儿子从小就不吃香蕉。”

高僧点点头：“知取舍，智力没有问题。”

财主伸手拿走了孩子手中的葡萄，孩子愣了一下，不悲亦不哭。

财主对高僧说：“您看，他失去也不悲不哭，不会是高僧转世吧？我这万贯家财还指望他继承呢，我可不想让他出家。您给想想办法吧。”

高僧沉思片刻，端起桌上果盘，说：“带上孩子，跟我来！”

一行人走到大门口，恰逢三个小孩儿在门前玩耍。高僧看看果盘，里面恰巧还有三根香蕉和一串葡萄。于是高僧伸手把孩子招呼到身边，分给每人一根香蕉。三个小孩儿接过来，兴高采烈地剥开就吃。

这时，财主的儿子忽然伸手指着香蕉，大声叫起来。财主赶紧拿过葡萄哄儿子：“那是你最不爱吃的香蕉，这是你最喜欢吃的葡萄！”

财主的儿子夺过葡萄，气急败坏地扔到地上，仍是伸手要香蕉。三个孩子很快吃完，还拿着香蕉皮得意地冲财主儿子笑笑。

“哇！”财主的儿子忽然号啕大哭，把财主和仆人都吓了一跳。

财主欣喜之余喃喃不解：“他平时一口香蕉也不吃，今天怎么会为香蕉哭了呢！”

高僧微微一笑：“世间大多数人的悲伤，不是因为自己失去了，而是因为别人得到了。”

“不是因为自己失去了，而是因为别人得到了。”这是一句值得所有人反思的话。正所谓“不患寡而患不均”，现代社会贫富差距变大，所以人的心理落差也变大。可以说，就像孩子向父母要东西一样，成年人也会向社会这个“父母”要东西，要不来就郁闷了，就感觉不幸福了。

可是，你有没有思考过一个问题：你要的东西是你的吗？没有这个东西你是不是也会很好地生活下去呢？

其实人要的没有那么多。“腰缠万贯，每日不过三餐；广厦千间，夜寝不过六尺”。当你看到他人所拥有的，并被刺激而衍生自己的欲望时，其实你是让那些外在的物成为自己心灵的陷阱。

这类情况，最常见也最不容易摆脱的，就是一个跟你差不多或者还不如你的人，居然拥有了你没有的东西。这是非常容易让人失去理智的。

比如同时进单位的同事，其中一位升职或者加薪了，而看上去他也没什么过人之处。那另一位难免就想：他有什么了不起，凭什么……好，这么一想，怨气就来了，人也就难得平和喜乐。

稍微理性的人，都不会去平白地跟差别非常大的人比较，比如刚进公司的新人不会想凭什么老总吃香的喝辣的躺着拿钱，因为差距在那里摆着。但是如果一个跟他差不多或者看上去还不如他的人混得比他好，他难免有怨气，觉得自己受到了不公平的待遇。这就是一种自己给自己设下陷阱的典型。

有人可能会说：他就是不如我，社会不公平还不让我生气了？

如果你这样想，先看看下面这寓言：

墙这边住着一群乌龟，有一天，乌龟们讨论：“墙那边不知道是什么？”其中一只乌龟就打算爬过墙去看看。但每次爬到中途，它都从墙上摔下来。

这只乌龟并没有气馁，仍旧坚持一次次尝试。可是，它最终还是放弃了。

当它一脸沮丧地回到乌龟们中间时，朋友们都来安慰它。可它却痛苦地说：“我并不是为自己没有爬过那面墙而难过，而是因为我看见一只又瘦又小的乌龟，爬过了那面墙。”

想想看，我们有没有这样的情况，因为一件事别人做到了但自己没做到而苦恼？偏偏那个人看上去还不如自己？比如某校的校花，如果被一个看起来很一般的男孩追到，其他的追求者多半会愤愤不平，就是典型的例子。社会上仇富的愤青，往往也属于这一类：因为看到别人的拥有，继而不惜浪费自己的生命和精力去愤怒。

总之，要想不落入这样的陷阱成为可怜人，最好做到两点：

1. 不要因为失去自己不需要的东西而懊悔

什么是自己不需要的东西？往大了说，就是除去生存之外的东西；往小了说，一切琐屑都可以化为乌有。我们不能把生命中的诱惑一一罗列再按个比对，但是我们可以守护心灵，不要为多余的东西浪费心神。人生的旅途，应该轻装上阵。

2. 不要因为别人得到自己需要的东西而愤怒

如果一样东西，你想要，但别人得到了，那或许是他的强项，也或许是因为他比你更努力。如果你觉得愤怒，那么先想一想，这个东西是不是你真的需要。如果真的需要，那么就努力去争取吧！而不是眼睛看着别人的生活！

杨安解脱小秘籍

◆把自己的东西赠送给更需要的人，会让你得到心灵的宁静。

◆客观看待消费和物质，尊重资源的再生。

◆有人站在山脚下，有人站在山顶。虽然位置不一样，但都是一样的大小。

做自己的主人，为自己而活

不要试图同诱惑争辩，躲开它，躲得远远的。面对诱惑动不动心并不重要，重要的是别为了诱惑而动摇自己的良心。

——孟德斯鸠

人之所以成为万物之灵，是因为人有独立思考和创造的能力。我们给自己创造了这个世界，又让它不断发展，这原本是为了让自己更幸福和快乐的。可是，我们却渐渐地被这个自己创造的世界所挟持，以至忘掉人生本来的目的。这是人类的悲哀。

有的人认为只要不沉沦于物欲，就等于抵制了俗世的诱惑，其实不完全是。因为这个世界影响人的地方很多，最可怕的诱惑不是那种明显能看到能感觉到的，而是你根本无法察觉的。

杰妮是一名非常有成就的歌唱家。在她还未成名的时候，她非常热衷于绚烂华丽的高音。可是她经常遇到这样的问题：有时候，高音唱得很完美很圆润，一气呵成，但是有的时候则根本唱不上去。为此她非常苦恼。

后来她去请教一位著名歌唱家，他以过人的高音闻名于世。那位老师听了她的试音，又问了她的具体情况，便建议她不要急着去唱高音，而是每天做普通的发声练习。老师说：“你的条件很好，应该寻找到属于自己的发音方式，而不是片面追求音高。要知道，适合你的声音才是最美的声音。”

杰妮照做了。接着，战争爆发了，她没有机会唱歌，但是一直坚持

普通的发声练习。战争结束之后，她再去见那位歌唱家，发现自己居然非常轻松地就唱出了非常完美的声音，包括高音。从那以后，高音对她再也不是挑战。她的解释是，因为她找到了自己的声音，也就是属于自己的最适合的发音方式。

杰妮有非常好的声音天赋，但唱出美丽的高音成为她的诱惑，当她一心执念于此，也就阻止了自己继续进步的道路。因为她无形中被这种想法奴役，成为自己的障碍。当有一位老师为她开解，而她也照做了后，那些看似无用的普通练习，却正是她所需要的积累。最后她成为伟大的歌唱家，不是因为她按照别人所认为的方向发展，而是因为她找到了自己。

所以，如果你觉得生活中有困惑，或者身心疲惫，记得先停下来，想一想，看自己到底想要的是什么，再来决定自己接下来应该怎么做。虽然这个社会有很多关于幸福和快乐的标准，但是最后感受的还是你自己。

在澳大利亚的一个小镇上，有一个叫茉莉的姑娘，从小就接受最传统的教育。她上学、工作、结婚、生子，大半生都生活在这个小镇上，从没有见过外面的世界。

茉莉也渴望外面的世界，但她一直记得父母的教诲，没有任何特立独行的举动。

在茉莉 80 岁那年，整个小镇成了旅游区，从世界各地涌来的游人很快打乱了小镇的平静生活。这个新年，茉莉生平第一次没有听从别人的劝阻，毅然决定过一种全新的生活。她带着变卖房产所得的 200 万澳元来到了墨尔本，开始按照自己的愿望生活——学习绘画，去听古典音乐，和年轻人一起看最流行的时装发布会，出席各种各样的社交活动。

茉莉变得快乐、自信，几乎让人忘记了她的年龄。她不仅充实地生活着，还当选了市政府的议员。很快，茉莉就成了家喻户晓的明星。

茉莉在90岁去世，安息于小镇郊外的公墓里。她的墓碑上刻着：茉莉，1990年生，2000年快乐地结束了在人间的旅行。

很多来悼念的游客都发现茉莉的生日被写错了，她明明是1910年出生的呀。每到这时，导游都会郑重告诉大家："茉莉女士始终觉得，从80岁那年开始她才过上了真正想要的生活，所以她生命的真实长度应该是10年！"

尘世纷扰，我们忙碌地追逐金钱，追逐名利，追逐权势；我们总是活在别人的议论里，活在别人的目光里，活在虚荣的面子里。又有多少人能放慢脚步，静下心思考一下自己为什么而活着，为谁而活着呢？

这是一个徘徊在离婚边缘的男士，在寻求心理安抚时，他用的称呼是王先生。当然这未必是他的真实姓名，不过作为一个代号，就称他王先生吧。

王先生是某大学著名教授，他的妻子是他读研究生时的同学，家境富裕，美貌能干，也没什么娇小姐的脾气。当时这桩婚姻让王先生家人欣喜若狂。婚后，夫妻合作得很顺利，他们共同署名的论文经常出现在国家级刊物上，专著也出版了。

当然，由于双方都忙于研究工作，他们的家更像个办公室。对于这点，王先生本来也没有异议：妻子也是副研究员，总不能要求她当个家庭主妇吧。再说，妻子知性、高贵，让身边的朋友很羡慕，这也是王先生的骄傲之一。

但是变故出现了。王先生一位大学女同学离婚后来到这个城市打工，联系王先生是否能帮忙。王先生出于老同学的交情，为这个单身妈妈租了房，又动用人脉联系了一份适合她的工作。作为回报，女同学请王先生吃了一顿饭。

这是一顿简单的饭菜。就在女同学简易的出租房中，用单眼小煤气灶烧出来的四菜一汤，却让王先生吃得胸口发暖，心中感慨：他不知多久没有吃过这样的饭菜了。妻子在家里宽大的厨房中用高级厨具做出来的饭菜，远比不上这顿饭可口美味。

“像妈妈的味道！”王先生说。

“为此，你就打算离婚娶那个女同学吗？”心理师问。

“不是，这只是个开端。”王先生说。有了这个开端，他慢慢地开始明白，妻子是个非常优秀的女人，但其实并不是自己想要共度一生的女人。她更像一个很好的同事，或者合作者。而他真正想一起生活的，正是那种简单、善良、贤惠而充满生活气息的女人，就像他的母亲那样。

“我该离婚吗？”王先生问。

“没有该不该，只有你想不想。”心理师如是回答。并帮他分析了他面临的问题。

王先生满意地走了。

半年后，王先生顺利离婚，跟那个女同学再结连理。而他跟前妻还是工作上的好伙伴。

这个案例非常典型。因为困扰王先生的是妻子太优秀，可是他喜欢的女同学，似乎无论从哪个角度看都不如妻子。要是他选择离婚，他觉得没道理。

其实，王先生是被一些世俗的观念束缚住了。人们习惯用固定的标准来衡量婚姻，但是生活是夫妻双方的事，不是产品配对。因此，王先生在碰到女同学的时候，才幡然醒悟——她才是适合自己的人。

王先生是幸运的，因为他最终选择了适合自己的生活，而不是披着华丽的外衣满足自己的虚荣。但是我们还有很多人，正活在别人的标准中。

所以，当你在交叉路口的时候，要停下来，想一想，到底哪一条路才是自己要走的；在你遇事繁多的情况下，要停下来，想一想，到底哪件事才是我们要做的。虽然尘世繁杂，但要相信，我们终究有一颗向往自由的心，总有逃离现实、回归本真的欲望，这不是精神的脆弱，也不是无聊的追求，而是人在本质上真正的需要。不要去管周围的人给你打几分，别人的评价并不能左右你的人生。因为活着并不是为了别人，而是为了自己。

为自己而活，这才是解脱。

为自己而活，这才是幸福。

杨安解脱小秘籍

◆不要盘算太多，要顺其自然，该是你的终会得到。

◆压抑自己没必要，奉承巴结也没必要，保持应有的人格力量将赢得更多的机会和尊重。

◆不要对谁特别好，也不要对谁特别不好，永远不要被少数人所利用。

◆相信自己比依赖别人重要，用尽心机不如静心做事。

追求属于自己的人生价值

只有过着游手好闲的生活的人，才把钱看得天那样的大，一个不事生产只会消费的家伙，不啻是社会的蠡贼。

——巴尔扎克

人活着必须要有追求，这是常识。因为如果没有追求，我们将会迷失自己，生命就会空虚、迷茫。但人应该追求什么？这是一个值得探讨的问题。我们必须清楚地知道自己要的是什么。否则，我们同样会失去方向，陷入不可知的困境。

现在很多人觉得活着就是为了赚钱。问他赚钱干什么，他会说过日子。要是问他，如果生活所需要的物质条件都具备后，那么继续赚钱干什么？他可能会说，过更好的日子。

何谓更好的日子？对大多数人来说，也许就是豪车别墅，华衣美食，游艇空驾，世界环游。要是这一切也都有了呢？人活着还要什么？恐怕到这个时候，问题也就出来了。

20 世纪末，一位著名的美国女作家在自己的寓所自杀身亡。她的遗书上说明自杀的原因是“了无生趣”。这件事曾让媒体和美国文学界颇议论了一番，因为这位小姐怎么看，都不该是一个了无生趣的人。

据了解，她本出身名门，资产丰厚，绝无物质压力。而她自己也是当代公认的实力派作家，兼之年轻貌美，受美誉很多。她还没有一般女作家容易遭遇的问题：婚姻不幸。相反她的丈夫同样年轻有为，夫妻感情也非常好。她还有一个孩子，当年才 5 岁。

这样一个几乎拥有了一般人所梦想的一切的女子，居然会因为了无生趣而自杀。这是让很多人觉得无法理解的事。

后来还是一位心理学家给出了解释。虽然没有得到官方认可，但多数人认为他言之有理。他说：人活在世上，需要有自己的人生价值。很多人之所以没有意识到这一点，是因为世界上让人追求的东西太多，多到大家穷其一生也难求全。但是如果一个人什么都有了会怎么样？往往两种情况：一种是类似佛陀，抛弃王位出家寻求生命的真谛，但更多的人会觉得迷惘。这位女作家无疑就是后者。

当然，我们一般人极少会碰到这样的困惑，因为我们还忙于糊口，为生计奔波。但是从心灵的自由上来说，如果能够明晰自己的人生价值，虽然未必让我们成为伟人尊宿，至少可以在生活中少走弯路，让身心更自由，更健康。

我们身边不难发现这样的人：他们有一份好工作，或者已经有了良好的事业基础，家庭美满、幸福，这样的人几乎被所有人羡慕，他们自己也清楚，按照一般的标准，他们应该知足了，但是却仍然感觉缺点儿什么。为什么会有这种感觉？

是因为日渐肥硕的肚子、随时可能升高的血压？还是因为长期伴随的疲惫感？或者是挥之不去的空虚感？事实上，这些还只是表象。我们之所以还会迷茫，还有恐惧，是因为我们还无法掌握自己的心灵，也就是无法把握我们的幸福未来。

人生价值这个词说起来很大，很抽象，其实落实到生活中，就是让我们活得更灵性一点。而这跟俗世的柴米油盐并不冲突，只是让我们不会沉没于其中。所以荷尔德林说：“人，充满劳绩，但还是诗意地栖居在这片大地上”。

人只要做着自己认为该做的事，那么再辛苦也不会觉得累。这就是我们要找到属于自己的人生价值的原因。

有一对年过半百的老夫妻，非常操心自己的女儿。并不是这个女孩不优秀，用通行的评价标准来看，这个女孩太优秀了。

夫妇俩都是高级知识分子，国家干部，要人脉有人脉，要身份有身份，生活当然也很丰足。女儿从小就是同龄人中的佼佼者，也是夫妇俩的骄傲。

高考，女孩以优异的成绩和综合实力，被香港中文大学录取。成为一时的热点话题。

毕业后，她顺理成章地被一家世界500强公司选中，过起了大多数毕业生想都不敢想的“成功人士”的生活。

但是不到一年，女孩就辞职了。之后，她又做了几份很不错的工作，但都是不到一年就离开，最短的不到三个月。而且无一例外，公司对她非常满意，是她自己选择离职。理由是觉得太累。

父母想，或者孩子不适合在外面混，那就回家来找个安稳的工作吧。好好找个人嫁了，过日子。

于是，父母动用社会关系，帮她找到一份国有银行的工作，而且是足以让旁人羡慕的职位。

可是，上了几个月班，女孩又坐不住了，朝九晚五的枯燥和办公室政治的无聊让她再次选择离开。她自己在网上联系了新西兰的一家农场，悄悄把手续办妥，只在临走前跟父母打了声招呼。

她去新西兰做了一个采水果的农妇。

父母非常不解，朋友亲戚也不解。但是女孩在新西兰的农场过得非常好，开心快乐，而且成为非常优秀的采果手。用她自己的话说，是感觉到“召唤”，于是顺势而行。

一个人如果有着异乎寻常的“智的直觉”，清晰地知道自己的人生价值，那么他对于世界的理解和感悟就是对自己的理解和感悟。当你发现了这些“能力”的时候，你就会无与伦比的快乐。因为，你找到了那个独一无二的“真我”。

如何让自己拥有“智的直觉”，摆脱低俗的快乐？

1. 平和：以平为期，以和为贵

平和是一种态度，遵循大道至简；尊重内在心愿；尊重人与人的关系；尊重人与自然的关系。与人相亲，待人宽容。一个人如果进入这样一种状态，看凉秋亦有浪漫，看寒冬亦有冰趣，看炎夏亦有生机，这便是内心里的四季如春，于我们的身体所能感受到的，就是舒服。

2. 恬淡：恬中有趣，淡里存真

恬淡是一种生活方式，调养身心。所谓“居移体，养移气”，如果一个人天天大吃大喝，还身处于灯红酒绿的环境中，那么他很难摆脱俗世的污秽之气，除非他是得道高僧。如果一个人谨言善行，起居饮食都保持健康适度，那么他很容易就保持正能量。

如果我们把自身看做上苍赐给我们的一片田地，那么我们只需要做一件事——耕耘。而俗世的那些诱惑，就如同田里的杂草，不仅要铲除，还要尽量不给它们生存的环境。

没有谁能不劳而获，解脱，就从自己做起！

杨安解脱小秘籍

◆听取建议，但终究要走自己的路。

◆历史会走弯路，人也不例外。所以盖棺才能定论。

◆性灵的自由远比俗世的拥有更重要。

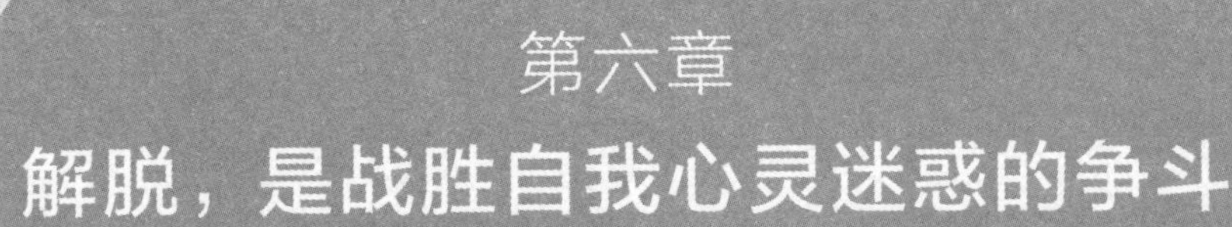

第六章

解脱，是战胜自我心灵迷惑的争斗

现实生活中，过于强大的“自我意识”，常常成为行动的枷锁。要想解脱出来，就要先认清自我，然后放下自我，最终拥有真正的空性。

固执而可怕的“自我”

人类是依照改变环境的决定来塑造自己。

——贺内·杜波斯

所谓自我，从本质上来说，就是人对于其自身整体的存在，所产生的一种自觉意识。通常人类个体会认为他们自身是一个连续性、整合、不可分且具备独特的自我。

笛卡尔说：“我思故我在。”意思是当“我”开始思考的时候，人才真正感受到“我”的存在。这是对自我的形而上学层面的解读。然而在现实生活中，自我，或者说过于强大的“自我意思”，却常常成为行动的枷锁、心灵的羁绊。不但看不到事情的本相，还会犯一些低级的错误。

第二次世界大战期间，纳粹德国突袭苏联前，有无数情报被透露给苏联，斯大林始终不相信纳粹德国会这么快对苏联发起进攻，他一直认为德国对苏作战的准备工作还没完成——只要德国没有结束同英国的战争，就不会同时在两线作战。

在战争爆发一个星期前，一份“德国进攻苏联准备就绪，只待时日”的情报送到了斯大林面前，斯大林竟然在上面批示道：“让呈送这份情报的谍报员见鬼去吧。”在战争爆发前一天，斯大林还气急败坏地下令枪毙了一个反叛到苏联的德军士兵。

甚至当德军的大规模闪电战刚开始时，斯大林仍认为这是不可能的，所以没有及时下达反击的命令。直到德国向苏联发动了全面进攻，斯大林才意识到事态严重，马上下了紧急动员令，但为时已晚，一切都已处于被动中。苏军仓促应战，节节败退，苏联大片领土被德军占领，损失惨重。

斯大林的作为就是典型的因为强大的自我而做出错误的判断，还固执地坚持己见不悔改，以至于让苏联红军在战争开始付出了极为惨重的代价。历史上这样的例子不胜枚举。但自我并不是精英或者伟人的专利，只是他们产生的影响更为巨大。

自我，存在于我们每个人心中。德国灵性导师埃克哈特·托利认为，无数相互矛盾的念头，以及围绕着这些念头的种种努力组成了我们的“小我”，也即心理学家们所说的“自我”。通常，当人们说“我如何如何”时，其实说的都是这个“自我”。如果人执着于“自我”中，这个自我就会成为一堵无形的墙，阻碍我们内心深处的“真我”与外部世界建立直接的联系。

有一位大学教授，一直跟住在楼上的邻居有矛盾。矛盾的起因很简单：楼上的女老师养了一只猫。猫在晚上活动，偶尔会有声音传下来。不巧这位老教授年纪大了，又有神经衰弱，睡眠特别轻。每次楼上稍微有点响动，老教授就会被惊醒，这一醒就是一整夜。

为此，老教授先是跟楼上的女老师协商，看是不是能够让猫不要在夜里活动了？

当然这个要求有点过分，不过女老师还是很善意地表示理解。她花一笔钱，将屋子里铺上地毯，这样，猫在上面跑动的声音就小了。

但或许是楼房隔音效果确实不好，静夜里，老教授依然能听到猫在窗台上抓飞虫，猫从椅子上跳到地上，猫把书推倒了……他忍无可忍，再去找女老师，要求女老师把猫送走。但这次女老师拒绝了。

两家的关系开始恶化。最后发展到老教授一听到夜里有声音就到楼上去骂，女老师和邻居都不堪其扰。而相应的，老教授自己的神经衰弱也越来越重。终于，一次检查后，医生建议他换个地方疗养。

老教授去了乡下老家。老家的环境并不好，算不上山清水秀的疗养地。但很奇怪，在老家，老教授的病仿佛一下子就好了。他再也不会为夜里的声音而彻夜无眠，哪怕猫在屋顶上打架，哪怕隔壁的小孩夜哭，他即使被惊醒，也很快能入睡。

老教授不是糊涂人，他很快想明白了这个原因：自己不是不能入睡，而是自己那个强大的“自我”固执地不肯入睡！就像那个丢了斧子就觉得邻居怎么看都像贼的人那样，陷入了自我的泥潭。

老教授回了学校。果然，他再也没有因为楼上几乎不存在的声音而无法安眠了。他的神经衰弱也大有好转。

每个人的“自我”都有所不同，有人追求快乐，有人享受痛苦，像这个老教授就是把声音当成了自我的假想敌，并且因此衍生出一系列的想象。当他明白了这一点后，他就从这个窠臼中解脱了出来。

这样的事在生活中非常普遍。比如有人总觉得同事对自己有敌意，或者总觉得邻居在说自己的坏话，又比如认为某些事一定是针对自己等，其实都是源于心中那个强大而固执的自我在作怪。所以，如果发现自己有这样的倾向，不妨对自己说一句：其实你没有那么重要！世界并不是围绕你转的！也许你会发现，心中顿时豁然开朗！

固执而可怕的自我，并不仅仅发生在对立情况上，有时候，它会以“爱”的面目出现。这样的自我束缚的不是一个人，有时候是一个家庭，甚至更多。而且，相比于以“对立”面目出现的自我，更难解脱。

比如，溺爱孩子的母亲，不仅包办全部家务，还辞去工作全程陪读。其实孩子并不需要母亲这样无微不至的照顾，甚至已经厌烦了。但是母亲说：“我这么做都是为了你！”于是这样的捆绑关系就继续下去。其实母亲很累，孩子也很累，但母亲因为“自我”认为这样对孩子最好，所以还是会坚持下去，甚至不许孩子拒绝。

又比如，一对恋人，其中一方对另一方的行动有强烈掌控欲，不许单独出行，不许跟异性有接触。如果对方提出异议，这方就会说：“那是因为我爱你。”这样的恋爱关系把两个人都困在其中一方的“自我”的围墙里，除非另一方也有此癖好，不然很容易酿成悲剧。很多情杀都跟一方过分自我有或多或少的关系。所以，“自我”真是可怕的！

关于以“爱”的面目出现的可怕的“自我”，有个比较有特点的例子，是一位心灵培训师自己讲述的。

这位女老师30多岁，单身，非常喜欢孩子。她有个习惯，每次外出回家经过一家西餐厅，都会给邻居的小女儿带一块价钱昂贵的布丁蛋糕。不过她自己只吃稍微便宜一点的。

有一次，她回家时小姑娘还没有到家。她把蛋糕放在桌上，突然自己很想吃。但马上又克制住了这个念头：这不该是我吃的，我吃便宜些的就好。于是这块蛋糕一直等到小女孩回家，照常送给了她。

有时候，这位女老师也会约客户在那家西餐厅小坐。她照例会点一块那种蛋糕，让客户带回去给孩子吃。如果客户说自己没有孩子，她就带回公司给同事的孩子。

这种习惯她持续了好几年。直到有一次，一位同行在接过她的蛋糕时问了一句：“是不是你自己也很想吃？”作为一个资深心理学研究者，她突然醒悟：其实她一直送给孩子的蛋糕，是她最喜欢的口味。可是她自己没有孩子，又觉得蛋糕该是孩子吃的，所以就不断给孩子送蛋糕。其实，她从来都没有问一问，接受她蛋糕的孩子是不是喜欢这款蛋糕的口味！

这个案例说明，很多时候，我们认为应该做的事，其实都是那个固执的“自我”在起作用。所以，要想从自我中解脱出来，就要先认清自我，承认在我们的生活中，在我们心灵的不经意处，时时盘踞着一个强大的可怕的“自我”。

杨安解脱小秘籍

◆智者千虑，必有一失。何况不是智者的我们。

◆不要太相信自己看到的东西，因为眼睛会欺骗心灵。

◆你对自己认识越深，你就越不容易被自我束缚。

不怕你没思想，就怕你自以为是

构成我们学习最大障碍的是已知的东西，而不是未知的东西。

——贝尔纳

“自以为是”这个词，无论放在哪里都是个贬义词，恐怕不会有人认为自己是个自以为是的人。但是殊不知，很多人都不自觉地被“自以为是”束缚。因为我们内心那个可怕的“自我”的表现之一就是：自以为是。

自以为是不等于自信，它们最大的差别是：自信的人敢于承认自己的错误，谦虚接受他人的批判和意见，而自以为是的人听不进别人的意见，只想让别人接受自己的观点。同时，还会有一种盲目的自我崇拜心理，以为自己处处都比别人高明。

自以为是的人哪怕在其他方面能力再优秀，也会让身边的人觉得不舒服。因为他们不能用理智来评价自身，也就不能客观公正地去评价别人。而且他们总是热衷于把自己的观点强加给别人，这样势必会造成他人的反感，从而使交往在无形中产生一种“心理对抗”。严重的自以为是者还会处于孤立无援的境地，成为被世界抛弃的人。

你是一个自以为是的人吗？不妨先来看看下面的测试题。

1. 我认为我不是一个自以为是的人。

2. 我感到大多数人都不可信。

3. 如果不是别人给我制造麻烦，我能把工作（学习）完成得更好。

4. 大多数人都不理解我，也没什么同情心。

5. 我没有找到真正发挥我自己能力的平台。

6. 我的成绩没有得到适当的评价。

7. 身边的同事（同学）和朋友总是在占我的便宜。

8. 我经常会有一些别人没有的想法和念头。

9. 坦率地说我不是一个能很好控制脾气的人。

10. 我不迷信权威，他们都是被人为抬高的。

在以上十个题目上，回答“是”为1分，回答“否”为0分。得分越高，你的自以为是程度也就越深。

0～2分：恭喜你，你是一个了解自己也了解他人的人，身边的人肯定非常喜欢和你交往。不过为了更好地获得心灵的自由，建议你还是继续阅读下面的文字。

3～6分：你有点小自恋，像大多数人一样偶尔吹点小牛皮，无伤大雅。但如果能有针对性地反省一下，你的生活空间会更和谐。

7～10分：你的自以为是程度接近狂妄。如果你现在还没有感到众叛亲离，只是你被“自我”蒙蔽双眼。从现在开始研习解脱之道吧！祝你好运！

应该说，除了先天心智发育欠全的人，大多数自以为是者确实有着值得骄傲的地方，或者某一方面比身边的人强。其实这并没有什么大不了的，因为每个人都会有自己比别人强的一点或者某几点。但自以为是的人就会把那点放大，从而自大、狂妄，骄傲得不着边际，那就预示着一种危险，一种潜在的巨大危机。

有一位很著名的心理专家，特别擅长通过别人的画来分析对方心理，在业内是公认的魁首。他自己也很自豪，不止一次地在公开场合声称“没有画不能分析的”。

一天，他又开展了一次大型的心理分析活动。心理学家像往常一样，让参加的人作画。有的人画了房子，有的人画了花草树木，有的人画了日月星辰，有的人画了人物和动物……只有一位老和尚，他将画笔在虚空中挥舞了几下，就放了下来。

分析时间到了，心理学家走到人们面前，根据那些画一一做了分析。可是当他走到老和尚面前时，发现放的依然是一张白纸，于是他叫道：“咦！你不画，我怎么帮你分析你的心理活动啊？”

老和尚回答：“我已经画好了，只是你没有看见。”

那位心理学家顿时哑口无言。

不少人，尤其是在某个领域已经做出一定成就的人，常犯类似这个心理学家所犯的错误。他们总喜欢用自己的标准、经验来衡量别人，殊不知这样做，却是将自己给困住了。不论你有多么聪明多么有才华，只要一进入自以为是的心理状况，那么你离失败也就不远了。

古希腊有一位先哲说过这样的话："傲慢始终与相当数量的愚蠢结伴而行的。傲慢总是在成功即将破灭之时，及时出现。傲慢一现，谋事必败。"当为自以为是者鉴。

在《夜航船》中记载了一则小故事，也是一个非常典型的自以为是的例子。

有一个和尚和一个读书人睡在同一条船里。读书人高谈阔论，显得学问非常大。和尚听着，觉得非常佩服他，不觉地把脚蜷起来怕蹬到这位大才子。可是听着听着，和尚觉得这个读书人好像没有那么有才华，于是便问："请问相公，澹台灭明是一个人，还是两个人？"

读书人回答："当然是两个人。"

和尚又问："那么尧舜是一个人，还是两个人？"

读书人回答："当然是一个人。"

和尚笑了："这么说，且待小僧伸伸脚。"

这个故事中的读书人也许确实才高八斗，但是却不知道"澹台灭明"复姓澹台，更是连尧舜这样的常识都不知，可以说是非常讽刺。而对于有自以为是心理的人来说，也不妨用这则小故事来警示自己：就算我真的很了不起，这个世界也还有我不知不能的事，那我又有什么好得意的呢？

自以为是不可怕，可怕的是不知道自己自以为是。所以圣人也要"吾日三省吾身"。我们就算做不到每天都反省，至少也应该常常反省一下：今天我是不是又做了什么自以为是的事，说了自以为是的话？慢慢地，你会发现，你无形中就从"自我"的虚荣幻觉中解脱出来了！

杨安解脱小秘籍

◆无数能人都是死于自己的才能。

◆知识并不一定是越多越好，不然就不会有“识知障”。

◆有之以为器，无之以为用。

扔掉“我认为应该这样”的“我”与“应该”

橘生淮南则为橘，生于淮北则为枳，叶徒相似，其实味不同。

——晏子春秋

“我认为应该这样……”这句话几乎所有人都说过，而且不少人还经常说。这么一句简单的话，却折射出说话人的心理背景：用自己的见解、立场、价值观念去衡量他事，影响他人。

人都是有思想的，而且，人可以把自己的思想表达出来。有思想就会有差别，每个人的能力也就不一样，于是对于一件事就会有不同的想法。如果是正确的也就罢了，如果是不正确的呢？又或者，是自己认为正确其实却未必正确的呢？

有一个禅道故事是这样讲的：

有一对兄弟，哥哥长大后当了和尚，弟弟成年后做了屠夫。虽然每天的生活差别很大，但兄弟俩还是很友好。

做和尚的哥哥早上要起来念经，而做屠夫的弟弟也要早起去杀猪。为了不耽误各自的工作，他们便约定互相叫对方起床。

多年后，兄弟俩相继去世了。做屠夫的弟弟超脱轮回去了佛国，当和尚的哥哥却被打入了畜生道。哥哥觉得非常冤屈，就到庙里向菩萨要说法。

菩萨现身说：“你弟弟当屠夫，虽然杀生，但这是他的工作。他叫你起来念经就是做善事。而你每天叫他起来杀猪，就是间接杀生。所以你还要受轮回之苦。”

这个故事说明，你所做的、你所认为是对的事情，其实不一定是对的。所以，遇到事不要太自我，也不要总以为自己的想法和做法才是对的。更不要用自己的心思去揣测别人，把自己的想法强加给他人，认为那就是理解，或者是爱。

这种情况最容易出现在亲人和伴侣之间。亲人因为有血缘关系，所以容易从自己的角度出发为他人着想；伴侣因为日常生活中的亲密关系而距离很近，这样的情况都容易让人不自觉地替别人拿主意，或者替他人做主张。

林小姐在半年前加入了健身俱乐部，她的父母也很高兴。每次看她大汗淋漓地从健身房回来，父母总是很高兴地问她要不要加餐补充营养。

可是随着林小姐健身时间的增长，健身知识的增多，她开始对父母提各种要求。

比如她抱怨父母老是坐在沙发上看电视不健康，又指责父母做菜放的油太多，盐也太多，味精也太多！父母觉得孩子说得也对，但是心里说不出的难受，老两口暗地里嘀咕，这孩子还不如不健身呢，那时候她吃什么都说好吃，不像现在，吃什么都能说出一堆健康常识来。

之后，林小姐还变本加厉，不管父母的意见是什么，一到周六周日，一定开车拉着父母外出活动，要么爬山，要么定个羽毛球场地，非得弄得全家人大汗淋漓她才安心。她的口头禅就是："爸爸妈妈，我认为我们应该……"父母毕竟上年纪了，虽然爱女心切勉为其难，但心里总不是滋味。可是林小姐还觉得很得意，经常跟朋友分享将家庭带上健康之路的方法和秘诀。

终于有一天，父母跟女儿提出，要回乡下老家去住。林小姐很诧异：我这么孝顺父母，怎么你们还要离开呢？但父母坚持回去了。

其实，林小姐所做的这些本来都是孝心之举，说给外人听，听的人也只有称赞的份。但是林小姐忽略了一点：父母是不是真的需要这些健身运动？她的出发点很好，却没有考虑到：自己认为合适的，是否对别人也同样合适？哪怕是最亲的亲人！

有一个心理学小游戏，也许可以更深切地提醒人们这个问题：

在下面这幅图里，你看到了什么？是不是一个人被鸟叼在嘴里？

那么我们把这幅图倒过来，你又看到了什么？是不是一个人在河里划船？

试想，如果有两个人对面坐着，一起看这幅图。如果两人都认为自己看到的是对的，不断强调："我认为应该是这样……"那么这场争论很难有答案。其实，两个人看到的都没错，只是他们的角度不一样。

很多事情都是这样的，立场不同，见解不同，答案也不同。所以，要战胜自我，先从扔掉"我认为应该这样"的"我"与"应该"做起，避免让心灵迷失在盲目的自我中。

所以，当别人不理解自己的想法时，不要试图去改变别人的想法，因为每个人都有权保留自己的意见。如果是别人不理解你想表达的意思，也不要去责问他为什么理解错了。不妨先想想自己的表达有没有问题，然后再表达一次。记得把诸如"我认为应该……""我觉得是……"之类的语句去掉，多说说"你看……""你想是不是……"这样的句子。也许你会发现，原来似乎很难互相理解的人，一下子变得善解人意了。其实不是别人变了，而是你从自我的桎梏中解脱出来了。

杨安解脱小秘籍

◆注意沟通，多想想对方会怎么想，为什么这样想。

◆经常问自己：这是客观的结论，还是只是自己的看法。

◆做一些开发右脑的训练，激发身体的潜能，减少心灵被蒙蔽的可能。

绝对的认知会缔结“烦恼”的果

人类一思考，上帝就发笑。

——笛卡尔

我们在生活中经常会碰到这样的情况：同样的事情，发生在不同的人身上，产生的反应完全不同。这固然跟不同性格的人处理问题的方式不同有关，但从人的认知角度出发，还有所发生的事情跟这个感知者的关系远近有关。

比如，某人看到朋友非常苦恼，一问，原来朋友失业了。某人就劝朋友：“此处不留爷，自有留爷处，不要苦恼了，再找份工作呗。”说得很轻松。

可是到了某人自己失业了，他照样非常苦恼，想着该怎么样找工作，找不到工作又该怎么办……总之，再也没有劝解朋友的那份潇洒了。这就是俗话说的站着说话不腰疼。因为劝慰别人时，出发点还是自己的立场，所以事不关己，自然轻松。

这种认知的绝对性造成的后果就是：跟自己相关的，那么很重要，而别人的事则无关紧要，或者根本忽视别人的情感需要和实际情况，甚至连别人付出的努力都视而不见。这样的人最终会陷入自我的痛苦中难以解脱，其烦恼的根源，恰恰来自这种绝对的自我认知。

上帝的伊甸园中，有一株漂亮的红玫瑰。它为自己是花园里最美丽的花朵而感到骄傲，可是它却发现人们总是站在远处欣赏它，从不靠近。

红玫瑰很疑惑，左右审视后，发现原来在它的旁边一直蹲着一只又大又难看的青蛙。红玫瑰生气了，命令青蛙立刻从它身旁消失。

青蛙顺从地离开了。几天后，青蛙经过红玫瑰身旁，发现玫瑰已经凋谢，叶子和花都快掉光了。青蛙问："尊贵的红玫瑰，你发生什么事情了？"

红玫瑰回答："你走以后，虫子每天都在啃食我，我再也无法恢复往日的美丽了。"

青蛙说："如果你不介意，我可以继续在这里吃虫子。"

这个故事讲的是红玫瑰，其实警戒的是世人。有些人看不到别人对自己的付出，总认为一切都因为自己的美好，眼里看不得别人一点不足。要么对他人百般挑剔，要么干脆想划清界限。殊不知自己的生存，也许恰恰来自那个人的恩赐。

现在社会由于机会众多，辞职创业的人不在少数。但是创业并不是那么容易的，很多人碰得头破血流后，才知道自己或许并不适合做某件事。也有人需要一些外力，比如心理咨询师、催眠师、心灵导师来指点迷津。

有位中年男人走进寺院，请求住持开解。他着装高雅，文质彬彬，但是眉宇间有抑郁之气。住持问："你有什么难解之事？"

男人说："我设计的产品总是卖不出去，团队都快没饭吃了。但是以前我的产品一直都卖得很好。"

住持问："以前你是怎么卖产品的？"

男人说："以前我是公司里负责新产品开发的部门负责人，带着三十多号人工作。我们的产品开发做得非常好，每年都拿最高的奖金。”

住持问：“那么你为什么要离开公司？”

男人说：“我们的老板是个笨蛋，既不懂设计又不会说服客户，总是让我们按客户的意见做，但那些客户又没什么美感，让每个设计人员都很头大。我们十几个人一合计，就集体跳槽自己开了个工作室，但产品非常不好卖。”

住持说：“一个人站在山顶上，手可以碰到云彩，就认为自己不论什么时候都可以碰到云彩。却忘了脚下的山峰。你明白了吗？”

男人说：“我也有点想通了。我自己不是那块料，原来的老板虽然不懂设计，但是挺会跟人打交道，是个做生意的人。可是我怎么办呢？”

住持说：“回去找你的老板吧，让他原谅你。如果他真的是个合格的生意人，就不会拒绝你和你的队友的。放下你心里的虚荣，从他的角度出发想想。”

这个男人就是因为自我膨胀成自大，结果自己给自己缔造烦恼的典型例子。当他在公司里做得风生水起的时候，他没有考虑到那是公司为他提供了一个发挥技术的平台，反而将这些辉煌都绝对化到自己身上。等他真正面对一个公司该有的种种琐事，才发现自己不是那块料。幸好他醒悟得快，才没有在错误的路上越走越远。

不仅仅是这种只看到自己看不到别人的绝对认知才会缔造麻烦，固定的看世界的眼光更是人们为自己缔造麻烦的根源。每个人从出生起，就接受家庭的教育、外界的思想，包括后天学到的知识和生活中的经验，这些都造成人们认知的不同。而如果某人固执于某个观念或者立场，不论事实如何都不放弃，那么这个人就是我们常说的“庸人自扰”。

这类认知常与“必须”“应该”等词语联系在一起。它们之所以不合理，主要是因为事物的发展并不以人的主观愿望为转移，而产生这种认知的人，却是以自己的主观意愿，将事物的发生和发展规律都绝对化。这样考虑问题就几乎不留余地，当发现事情发展跟自己的认知有冲突时，烦恼就产生了。

有一位女教师，27岁，长相俏丽，身材高挑。唯一有点美中不足的是她的单眼皮。整容风盛行，她也去做了个双眼皮手术。没想到手术效果不太理想，右眼的双眼皮比左眼略大，显得不对称。虽然不仔细看根本看不出，但她还是非常沮丧。

于是，她每天出门戴墨镜，连吃饭都不取下，在家里也不愿意有明亮的灯光，怕被丈夫看清她的双眼皮一个大一个小。不但这样，她整个人都变得自卑、退缩，原来开朗能歌善舞的她自此不愿与人交往，甚至都害怕站在讲台上面对自己的学生。

她的家人无奈求助于心理医生。

医生问明情况后，为她分析：表面上看，美容手术失败是她改变的因，但实际上，真正的因来自这位女教师不合理的绝对认知。分析一下就不难发现，在她的思维里有这样一个信念：女人应该漂亮，若不然，就会被别人看不起，就很难赢得别人（包括丈夫）的喜欢，在社会上做事也不顺利。

为此，医生为她分析了这个绝对认知的不合理性：

首先，美没有绝对的标准。不是说双眼皮就一定美。中国古代不少朝代流行的就是单眼皮，俗称丹凤眼。

其次，美是个相对的概念，没有人在相貌上可以没有瑕疵。

再次，美的内容是很广泛的，漂亮固然好，但美好的个性、温柔的情趣等也都是美。追求美是人之常情，但片面夸大某一个方面的完美就没有必要。

最后，其实大家对她的双眼皮并不会很在意，尤其是相处久了，早已经习以为常了。真正在意双眼皮与否的，只有她自己。

女教师回去后，尝试摘下墨镜跟人正常交流。果然，她发现没有人对她的双眼皮过多关注，反而有不少人说："哎呀，××老师，几天不见，你越来越漂亮了！"于是，她又恢复了之前的快乐和开朗。

可见，人并不完全是理性的动物，自寻烦恼是人的本性，人常为自己的认知所困扰，而困扰的原因多半是内生自取的，很少是外因造成的。

因为人对与自己密切相关的事，往往做过多的无谓思考，这些思考甚至不需要有事实根据，单凭想象就可以形成信念。这样的认知越绝对，就越会使人陷入越想越苦恼的困境之中。

所以，为了摆脱烦恼，人一定要放下那些困扰自己的绝对认知。

常见的绝对认知如下：

（1）只要我付出了努力，我就应该获得成功。

（2）我爱你，你也就应该用同样的爱来回报我。

（3）过去在你很困难的时候，我曾竭尽全力帮助你，现在我遇到了麻烦，你理所当然要帮助我。

（4）一个有价值的人应该在各个方面都比别人强。

（5）对于有错误的人必须给予严厉的惩罚和制裁。

（6）如果事不能如我所愿，那将是一件倒霉的事情。

（7）不愉快的事是由外在因素所引起的，不是我能控制和支配的。

（8）人必须依赖别人才能生活得好些，特别是比自己强的人。

（9）以往的经历和事件常对现在有决定性的影响。

（10）任何问题都应有一个唯一正确的答案。

……

杨安解脱小秘籍

◆如果你认为什么是绝对的，那么它几乎不可能绝对。

◆生活不是非黑即白，我们更多地活在中间的灰色地带。

◆很多看似无可改变的事，其实只是人心中强加的想象，往往换个角度就完全不一样。

每件事都有两面性，多看好的那面

不要垂头丧气，即使失去一切，明天仍在你的手里。

——王尔德

很多人都应该听过一个在我国民间流传的故事：

有位老太太有两个女儿，都出嫁了。大女儿家开伞店，小女儿家开洗衣店。老太太天天为女儿忧愁。雨天，老太太担心小女儿洗的衣服晒不干；在晴天，老太太担心大女儿的雨伞卖不出去。

后来，一个人跟她说："老人家，您好福气啊！下雨天，您大女儿家生意兴隆；大晴天，您小女儿家生意好做。对您来说，哪一天都是好日子。"老太太转念一想，不禁眉开眼笑了。

这个故事说明一个道理：事物都有好的一面和坏的一面，人如果不能全面看待事物，只会让自己徒增烦恼。就像故事中的老太太，只要换个角度，她的人生就很快乐。

看问题要全面，但碰到事要看好的那面。因为事情的发生不以我们的个人意志为转移，但我们可以选择如何去面对。只要放开心中自我的桎梏，不再心心念念于眼前的喜乐烦忧，要得到解脱是很容易的事。

如何做到遇事多看好的那面？有个故事可以帮助我们理解。

印度有个国王，经常微服出巡了解民情。国王有个丞相，整天笑眯眯的，碰到什么事他都说好，而且还能说出道理来。

比如有一天，国王出门时突然下起大雨，国王便问身旁的丞相："这场大雨下得好不好？"宰相说："好！大雨一过，街道尘埃洗净，空气清新。国王您可享受雨过天晴的美妙景物，又可深入民间巡视民情。"国王听了很高兴。

又有一次，国王外出巡视时，天气非常炎热，热得国王汗流浃背。国王又问丞相："这样的热天，出门好不好！"丞相不假思索地回答："好！这样的天气，是印度近日少有的，国王出巡，将会更加了解我国人民在这种炎热天气下，到底做什么。"国王觉得很有道理，便高兴地出门去了！

这位丞相可以说是非常善于从好的一面来分析事情的人。天气是不可控制也无法确定的，但是人可以根据天气来做合理的选择。反之有些人看到雨天就抱怨今天又不能出门了，看到大热天就叹息这么热的天怎么过，这就属于遇到事不会往好处想了。

如果有人觉得这个丞相不过是逢迎拍马之流，那么继续往下看，因为关于国王和丞相的故事，还没有结束。

国王喜欢打猎。有一次，国王在检查猎器时，不小心被猎器斩断一截拇指。他问丞相："我的拇指被斩了一段，好不好？"丞相说："好，国王！"

国王大怒，认为丞相故意嘲笑自己，便下令将他关起来。接着，国王对关在牢房的丞相说："现在你被关在牢房里，好不好？"

“好，很好！”丞相回答。

国王被他气坏了，自己打猎去了。

由于平时都是丞相为国王安排路线，所以这次国王不小心迷路了。很不幸，他还在暮色中掉进一个陷阱。更糟糕的是，那居然是邻国食人族的陷阱。

国王被绑在一根柱子上等待开膛破肚，语言不通，也无法交流，国王已经准备等死。但是奇迹出现了：当巫师检查国王的身体发现他的断指后，摇头叹息。接着就指挥土人将国王放了。原来他们只吃完整的生物！

断了拇指的国王捡回一条命，回国后，立马将丞相放了出来。一见面，他就抱着丞相痛哭：“现在我才知道为什么你说我断指是件好事！它救了我一命！我错怪了你！”

丞相说：“陛下，如果你不抓我进监牢，我一定会随从你去打猎。若是我们一起被食人族抓去，你可以因为断指而保住生命，但我必死无疑，因为我很完整啊！”

国王此刻终于茅塞顿开：每件事都有好坏两面，是好，是坏，其实看你从哪个角度看！

这个故事所说明的道理就是国王最后领悟的道理。我们看问题应该全面，有些事情，从片面的个人角度出发，乍一看是不利的，但如果全面考虑，也许就是有利的。至少，世上发生的事情，不是刻意针对某个人而不利的。人们之所以对事物有好坏的分别，原因是把自己的得失考虑在内了。可是，正如在第四章我们分析过的，得失是世间的常态。所以，遇事多看看事物好的那面，容易使人看到希望、增强信心，始终保持积极的情绪多于消极的情绪。

美国前总统罗斯福就是一个善于从好的一面看问题的能手。据说某天，他家里被盗，失去了不少财物。朋友写信安慰他，而罗斯福则回答说："我现在很平安，感谢上帝。因为，第一，贼偷去的是我的东西，而没有伤害我的生命；第二，贼只偷去我部分东西，而不是全部；第三，最值得庆幸的是，做贼的是他，而不是我。"

这就是善于从好的方面看问题而不会让自己困扰的智者。那么，我们怎样做才能养成全面看世界、从好处看问题的习惯？可以从以下几个方面着手。

1. 用发展的眼光看问题

雷霆雨露，皆是天恩。正如农作物需要不同的风霜雪雨，人也一样。古人说"祸福相依"，就是这样的道理。

2. 用感恩的心情对待世界

有些人也许伤害了你，但其实他教会你成熟；有些事也许打击到你，但其实是让你以后不会犯错。太上忘情，天道无私，感恩之心，是摆脱狭隘自我的最好方式。

3. 换个角度思考问题

其实这一点在很多地方都适用，不仅仅是用于解脱，但显然这个作用最明显。

生活中诸事纷扰，千头百绪，你要学会多看好的那一面，让心灵从自我迷惘中解脱出来，快乐、幸福就在其中。

杨安解脱小秘籍

- ◆你可以选择悲观，但世界不会有任何改变，你也可以选择乐观，你的生活将截然不同。
- ◆笑一笑，十年少。
- ◆塞翁失马，焉知非福。

放下自我，才能拥有真正的空性

一个人若想从轮回苦海中解脱，便一定要对空性有所了解。

——海涛法师

所谓“空性”，不是某种坚固存在的物体，也不是空无所有或虚空。“空性”的意思是，事物并不是依照你所标示的样子存在。

佛法云：凡夫所见的一切，都是透过情绪、习性和二元对立等自我的滤光镜，结果是看不清楚事物完整的显现，也看不清楚事物真实的本性。

一直以来，人们自然倾向于认为自己的见解最正确，别人见到的显然是错的，然后就会去做一些无益的争论，试图说服别人——接受所谓“正确的看法”，而这种“正确的看法”其实只是我们的看法。

所以，从这个角度来说，自我就是空性的大敌。

如果我们能明白，其实自己并没有看到事物的真正面目，那么人和人的相处就会更和谐。不幸的是，大部分人都不明白这一点，因此他们对自己所看到的都很认真，其结果是，大家都卷进了各种冲突之中。

而且，时下随着社会的发展，每个人的自我意识都呈几何倍数地增长。诺贝尔文学奖得主赫塔·米勒这样描述世人：“或者为了彼此成为朋友或敌人，或是向别人索取或给予。甚至说起自己，也是没完没了的抱怨。他们的言谈举止中随处可见傲慢和自怜，浑身上下透出大惊小怪的自恋。走到哪里，嘴边都挂着个被用滥了的‘我’。”

这种像瘟疫一样泛滥的自我造成的后果就是，大家都把自我保护看得很重，真正能站在别人的角度上为他人着想的人越来越少，可是每个人也活得越来越难。为了保护那个可怜的我，人们不得不费尽心机，竭

尽全力，但结果却差强人意：“我”是很强悍了，强悍到能够让人困顿其中。可以说，多少痛苦和悲剧，因“我”而生！

赫拉克勒斯是古希腊神话中著名的大力士，从来都是威风八面，所向披靡。他也素来以无人能战胜自己而自豪。

有一天，赫拉克勒斯行走在一条狭窄的山路上，突然一个趔趄险些摔倒，他仔细一瞧，原来脚下躺着一个袋子。赫拉克勒斯很生气，对着袋子猛踢一脚，想把它踢到山下去。不料那只袋子非但丝毫没动，反而膨胀起来。赫拉克勒斯更生气了，挥起拳头给了它狠狠的一击，可是袋子居然没有破，而且开始迅速胀大。

这下，赫拉克勒斯快失去理智了。他拾起身边的一根木棒，反复抽打袋子，而袋子在他的抽打下，也越胀越大，最后甚至将整个山道堵得严严实实。

赫拉克勒斯气急败坏，却又无可奈何，只能躺在地上气喘吁吁。不久，一位智者走过，他看到这个情景，淡淡一笑，平静地说：“朋友，它叫‘仇恨袋’，当初你如果不理会它，或者干脆绕开它，它就不会跟你过不去，也不至于把你的路给堵死了。”

这就是古希腊神话故事《仇恨袋》。赫拉克勒斯虽然号称大力士，但是也无法绕过自己的那个“我”，最后只能气喘吁吁地躺在地上。其实，如果当时他像那位智者说的那样，不要介意那个袋子是否挡了自己的路，绕开过不就没事了？

可见，当一个人为了个人的利益或私欲去争斗时，就会引起无限的纷争，不仅让自己陷入困境，有时候还让身边的人也跟着遭殃。

所以，只有当一个人放下自我时，他才能真正感受到“山重水复疑无路，柳暗花明又一村”的精神境界。

有个人在沙漠里迷失了路，他饥渴难忍，濒临死亡，只能拖着沉重的脚步，一步一步地向前走。终于，他意外地发现前面有一间废弃的小屋。

行人走近小屋。他在屋子的前面发现了一个吸水器，可是却滴水全无。

这时，他忽然又发现旁边有一个水壶，壶口被木塞塞住，壶上有一个纸条，上面写着："你要先把这壶水灌到吸水器中，然后才能打水。但是请你离开这里之前一定要把水壶灌满。"他读完之后小心翼翼地打开了水壶塞，果然里面有一壶水。

这个人面临着一个艰难的选择：如果按照这张纸条上所说，把那壶水倒进吸水器中，吸水器仍然吸不出水来，自己有可能被活活渴死在沙漠中；如果马上把这壶水喝下去，可以勉强保住自己的生命，但之后怎样，也很难说。

犹豫了一会儿之后，他想，反正如果没有碰到这间小屋，他也是死；就算将壶中的水全喝完，他也活不了多久。那么，他不妨按照纸条上面所说的去做。

当他把水灌入吸水器后，从吸水器中真的吸出了清纯的泉水。他痛痛快快地喝了个够，又将身上的皮囊装满了水。休息了片刻之后，他把水壶重新装满水放在吸水器旁，又在纸条上加了句话："请相信我，纸条上的话是真的。"

这个故事告诉我们的是：你只有把自我放下，将得失算计置之度外，才能尝到甘美的泉水。

诚然，我们每个人都活在自我的世界里，习惯了以自我为中心，以各自确认的世界观看待事物，而真正的空性，是以放下自我为前提的。只有从心上放下，做到不妄想、不分辨、不执着，才能保持心灵的清净无垢，也才能获得真正的解脱。

确实，“空性”是个形而上的概念，如何放下自我，拥有空性？下面这个小河流的故事，可以更为形象地讲明这个道理。

一条小河流经过村庄与森林，来到了一个沙漠。当它决定越过沙漠时，却发现河水渐渐消失、干涸。

“这是我的命运吗？”小河流哀叹。“我再也到不了大海了。”

这时，沙漠说：“如果微风可以跨越沙漠，那么你也可以。”

小河流回答道：“那是因为微风可以飞过沙漠，可是我却不行。”

“只要你愿意让自己蒸发到微风中，风就会带着你飞过沙漠，到达目的地。”沙漠说。

“这不等于是自我毁灭吗？”小河流问。

“不管你是一条河流或是看不见的水蒸气，你内在的本质从来没有改变。风带着水气飘过沙漠，到了适当的地点，它就会把这些水气释放出来，于是就变成了雨水。然后这些雨水又会形成河流，继续向前进。”沙漠很有耐心地回答。

最后，小河流终于放下了自我，消散在微风中。而在另一个地方，它奔腾喧嚣，快乐地流向大海。

我们的生命历程也像小河流一样，需要有放下自我的勇气，从而让心灵解脱，让生命不断地成长！

杨安解脱小秘籍

◆改变并不可怕，可怕的是拘泥于变或者不变。

◆天长地久，天地之所以长久者，以其不自生，故能长生。

◆心有多大，舞台就有多大。

第七章

解脱，是宽容他人快乐自我的心方

不宽容的人不可能快乐，因为他们随时都在用别人的过错惩罚自己。遇事多往好处看看、想想，宽容别人也就是解脱自己。即使面对他人的非难，也不妨坦然面对。毕竟，一切都会过去！

抓住别人的错不放，其实是在惩罚自己

盖天下无无暇之才，无隙之交，大过改之，微暇涵之，则可。

——曾国藩

“金无足赤，人无完人。”这是一句家喻户晓的老话。的确，每个人都有可取的一面，也肯定会有缺陷和不足之处。如果一个人总是盯着别人的错处不放，那不仅会交不到朋友，而且最重要的是，也会损伤自己的身心健康。

一位高僧受邀参加素宴。不知是不是厨师疏忽，一盘菜里竟然有一块猪肉！

高僧的随从徒弟故意用筷子把肉翻出来，打算让主人看到。没想到高僧却立刻用自己的筷子把肉掩盖起来。徒弟又把猪肉翻出来，高僧再度把肉遮盖起来，并在徒弟的耳畔轻声说：“如果你再把肉翻出来，我就把它吃掉！”徒弟不敢了。

宴毕，归途中，徒弟不解地问：“师父，刚才那家的厨子明知道是素席，居然还放猪肉？徒弟只是要让主人知道，好处罚他。”

高僧说：“每个人都会犯错误，无论是有心还是无心。如果让主人看到了菜中的猪肉，当着众人的面，他处罚厨师不会轻，甚至会把厨师辞退。这都不是我愿意看见的。我宁愿把肉吃下去。”

这位高僧讲述的固然是禅门智慧，其实也是人生哲学。是在“理”和“情”中的一种平衡。一桌素斋出现猪肉，固然失了“理”，但高僧的做法，是留了情。得理留情，才是智者所为。

日常生活中，我们待人处事固然要“得理”，但绝对不可以“不饶人”。毕竟每个人的价值观、生活背景都不同，因此生活中出现分歧在所难免。而且很多时候，人不是有意犯错，而只是因为不同的立场、看法等，出现了不同的选择。也就是说，在你看来他们的错，其实未必是真正的错。

有位教育学家，曾经告诫父母，不要对孩子的“撒谎”太斤斤计较。因为在孩子的眼里，虚构的世界和大人眼中的现实是有差别的。那些在父母看来是类似撒谎的言词，其实很多只是孩子的一种虚构心理。

而如果父母过于强调孩子的撒谎甚至给予惩罚，很可能反而加强了“撒谎”在孩子心中的烙印。也就是说，孩子会成长为一个撒谎者。那么，最后自食其果的，就是孩子的父母。

亲如父母子女，如果抓住彼此的错误不放，都会带来严重的后果，更不要说身边的其他人和事了。所以，如果你发现别人真的犯错了，那么留一点余地给他，不但不会吃亏，反而还会有意想不到的惊喜和感动。诺贝尔经济学奖获得者萨缪尔森，就一直主张人们在交往中应当多一些体谅而非责难。

鲍勃·胡佛是一位著名的试飞员。一天，他在圣地亚哥航空展览中表演完毕后飞回洛杉矶，降落时两个引擎突然熄火。凭着高超的驾驶技术，他在300米的高空操纵飞机安全着陆。飞机严重损坏，所幸的是没有人受伤。

迫降后，胡佛检查飞机的燃料才发现，他所驾驶的飞机居然装的是喷气式飞机燃料！要知道，这种第二次世界大战时的螺旋桨飞机的燃料是汽油。

回到机场，胡佛见到为他保养飞机的机械师。这位年轻的机械师正懊悔不已。他造成了一架非常昂贵的飞机的损失，差一点还使3个人失去了生命。面对胡佛，他已经做好了被痛骂一顿甚至更糟糕的下场。

但是，胡佛并没有责骂那位机械师，甚至没有批评他。相反的，他用手臂抱住那个机械师的肩膀，对他说："为了表示我相信你不会再犯错误，我要你明天再为我保养飞机。"

一时间，机械师泪流满面。

之后，他多年为胡佛保养飞机，再也没有出过任何差错。

当身边的人犯错误后，尤其是当他们的错误对我们的生活产生了不利的影响时，我们会习惯于指责，甚至可能会因此而失控。这也是人之常情。但若细想一下便会发现，责骂除了让我们的情绪变坏外别无所获，有时甚至会越骂越糟，导致双方关系的破裂或留下伤痕。因此，原谅或许是一个有益的选择。

记住，在生活中，不要抓住别人的错误不放，留一点余地给他人，不仅是为了给对方一个台阶，更是为自己留条退路！这样做并不是很难，而且如果能做到，还能给自己带来很多好处。

换个角度，如果你得理不饶人，让对方走投无路，就有可能激起对方"求生"的意志，而既然是"求生"，就有可能不择手段，不顾后果，这将对你自己造成伤害。放他一条生路，他便不会对你造成伤害。即使在别人理亏时，你在理已明了的情况下，放他一条生路，他也会心存感激，就算不如此，也不太可能与你为敌。这是人的本性。况且，这个世界本来就很小，变化却很大，若哪一天两人再度狭路相逢，届时若他势强而你势弱，你想他会怎么对待你呢？得理饶人，也是为自己留条后路。

所以，不要去深究他人的过错。“人非圣贤，孰能无过。”每个人都可能犯错，深究别人的过错，永远是污染你自己。一天到晚都在看别人的过失和缺点，你的心情又怎么能愉悦？宽恕别人，也是解脱自己。

用爱来充满自己的内心。宽容者让别人愉悦，自己也得到快乐。

杨安解脱小秘籍

◆我宽恕你，你便原谅我。

◆没有什么美德比宽恕更重要。

◆晚上睡觉之前，回顾当天发生的事情，并加以整理。宽恕折磨过你的一切。因为你做到了，你的心情会变得很平静。

换一种角度看看

横看成岭侧成峰，远近高低各不同。

——苏轼

有一则脑筋急转弯是这么说的：一个人要进屋子，但那扇门怎么也拉不开，为什么？答案是：因为那扇门是要推开的。

在生活中，我们也常会有只知道拉门进屋却不知推门的情况。轻则怒气冲天，重则伤人害己还不自知。其实，很多事或者人，换个角度去看，就完全不一样。

有个摄影师，发现每次拍集体照的时候，都有人睁眼，有人闭眼。这样拍出来的照片难免就会受到责难：“你怎么挑我闭眼的时候按快门？”

摄影师没办法，就在拍摄的时候喊“一、二、三”。这样比原来好一些了，但还有些人会刚好在“三”的时候闭下眼，因为支持不住了。

最后，摄影师换了一种思路：他请所有照相的人都闭上眼，听他喊“一、二、三”，到“三”的时候，大家一起睁眼。这下，一个闭眼的也没有了。照片洗出来后，大家都神采奕奕。

这个摄影师在面对闭眼的问题时，没有纠结于“怎样让大家都不闭眼”，而是从另外的角度出发，思考“怎样让大家同时睁开眼”，很轻松地就将自己从这个问题中解脱出来。

解决问题是这样，跟人交往也是如此。一个固执的人，换个角度去看，就是一个信念坚定的人；一个吝啬的人，换个角度去看，就是一个有节俭美德的人；一个经常算计的人，另一方面他也是一个深谋远虑的人；一个爱发脾气的人，同时也是一个性格直爽的人……

有个农夫，跟村里的富人借了不少债。年关将至，农夫实在还不上钱，就到富人家去请求宽限时日。

为了验证农夫的话，富人就提出到农夫家里去看看，刚巧看到农夫美丽的女儿，富人便起了歹心。

富人对农夫说：“我看到你家里确实困难，我也不有意为难你。我们看天意吧。我把两颗石子分别放在两个罐子里，一颗是黑的，一颗是白的。如果你摸到白色的，那就不用还钱了。但是如果你摸到黑色的，就把你女儿给我抵债。”农夫只能答应了。

农夫的女儿很聪明，她看到富人其实放进去的两个石子都是黑色的，就偷偷告诉父亲一个办法。

富人把两个罐子放在农夫面前，农夫随意抓出一颗石子，手还没有张开，就抖了一下，石子掉到地上，跟满地石子混在一起，再也无法分辨。富人看了，正要发火，农夫说："大人，只要看一下另一个罐子里的石子就可以知道我抓到什么颜色的石子了。"

说着，农夫将另一个罐子里的石子倒了出来，大家都看到石子是黑色的。富人只好根据约定，免除了农夫的债务。

一般人在分析这个故事的时候，都会强调农夫女儿的聪明在于"反向思维"，固然这是这个故事的魅力所在。但其实这个故事还有深层的含义，就是农夫女儿的聪明也在于她对这个富人的了解和宽容。

我们来看，这个富人眼馋农夫的女儿，但并不是采取强抢这类方式，而是用契约的形式来达到目的，可见这个富人虽然是个心术不正之徒，但至少还是个讲信用要面子的人。不然，即使赢了富人，他如果反悔，也还是一样。

所以，农夫女儿才设计让父亲赢了这个赌局。从另外的意义上，也是她宽容了这个富人想要占有自己的"坏心眼"，给了富人一个台阶下。

试想，如果农夫的女儿不是用这种方法，而是指出富人作弊，那么这件事很可能就无法收场，她自己的结果也不好预料。

所以，农夫女儿的聪明，不仅仅在于让父亲赢了赌，更在于她让彼此双方都保持了和谐，这对她自己、对父亲和富人，其实都是一种解脱。

这才是大智慧。

我们在生活中遇到的人和事，其实都可以用这样的方式去换角度思考。

有个年轻人总是闷闷不乐。有位智者问他："你为什么如此失意？"

年轻人说："我总是这样穷。"

智者说："你怎么能说自己穷呢？你还这么年轻。"

"年轻又不能当饭吃。"年轻人说。

智者一笑："那么，给你一百万元，让你瘫痪在床，你干吗？"

年轻人说："当然不干。"

智者再问："把全世界的财富都给你，但你必须现在死去，你愿意吗？"

年轻人说："我都死了，要全世界的财富干什么？"

智者说："这就对了，你现在这么年轻，生命力旺盛，就等于拥有全世界最宝贵的财富，又怎能说自己穷呢？"

就这样，换个角度看看，既是跟人和谐相处的良方，也是让自己心灵解脱的捷径。所以，不论面对什么人，哪怕是你的仇人，也别忘了换个角度去看看，也许他正是教会你坚强的人；不论碰到什么事，哪怕是最糟糕的情况，也请换个角度去看看，或者上天为你留下了另一条阳光大道。

中国台湾作家刘墉写过这样一则故事：

他有一个朋友，单身了半辈子，50岁时突然结婚了。新娘跟他年龄差不多，徐娘半老风韵犹存。但是知情的朋友都背后议论："那个女人以前是个演员，嫁了两任丈夫都离婚了，现在不红了，由他捡了个剩货。"这话最后也传到他朋友耳朵里。

一天，这个朋友跟刘墉出去，一边开车一边笑道："我这个人，年轻的时候就盼着开奔驰，现在还是买不起，只好买了这辆二手车。"他开的的确是辆老车。刘墉看看车说："二手，看来很好啊，马力也足。"

"是啊，"朋友笑了，"旧车有什么不好？就像我太太，前面嫁了个四川人，后来又嫁了个上海人，还在演艺圈二十多年，大大小小的场面都见过。现在老了，收了心，没有了一般女人的娇气、浮华气，却做得一手好菜，四川菜、上海菜都来得，又懂得布置家。讲句实在话，她最美好的时候，正是让我碰上了。”

刘墉非常有感触。

这就是懂得换角度看问题的人。宽容了妻子也让自己得到真正的快乐和幸福。如果天下的人都能这样对人对事，那么世上会少多少纠纷、少多少痛苦和悲剧啊！

所以，为了自己的幸福，请学会经常换个角度看看。你会发现，世界其实充满了美好！

杨安解脱小秘籍

◆世界本来就是多姿多彩的，看到的角度越多，你的生活也更丰富。

◆没有阳光，又何来阴影？

◆减少定性思维，多用联想和感性的直觉，开发性灵。

较真，等于给自我的心灵加上条绳索

不要因为你的敌人而燃起一把怒火，热得烧伤你自己。

——莎士比亚

较真不是认真。认真是一种做事做人的态度，而较真是一种对待生活的心境。很多时候，人之所以活得太累，不是因为他们想不通、做不到，而是因为太想想通，太想做到。当人知道得越多，分析得越清楚，往往最后内心的纠结越多。这是因为不能从心底放下牵挂和执着，于是走不出人生的樊篱。我们一般把这样的人，叫做“较真的人”。

有一个场景，估计我们都很熟悉：一个路口，两辆车抢道，谁都不让，结果造成交通堵塞，重的还有人员伤亡。有位领导在给下属做报告的时候，就讲了一个自己亲眼看到的事情：

在一个宾馆的大门前，一辆车要出去，一辆车要进去，但大门只能容纳一辆车进出。两辆车的主人貌似都不是一般人，于是要出去的想先走，要进去的也不让路。

开始两方还是坐在车上，都想让对方让一下。发现互不相让，车上的司机、随从就下来了。先是互相谩骂，接着就大打出手，最后车也砸了，人也伤了。围观的群众打了110和120电话。由于双方都有些背景，后来处理事故的时候，不光是处理当事人，还处理了两方有牵连的人，甚至惊动了中央的官员。

其实很简单的一件事，有一个司机让一下就过去了，何苦以后连累到那么多人。为此事还撤了几个官员的职。这就是太较真的结果。

较真的人，几乎都是不宽容的人。他们不懂为别人着想，遇到事情先想着自己，而且常常感情用事。

较真的人最可悲的地方就是把较真当成优点，比如有人劝他不要太较真，他还会反驳道：“不争馒头争口气。”殊不知，这句俗语是劝人要自立自强，并非建议人事事较真，跟别人过不去也跟自己过不去。

较真的人往往还是比较容易生病的人。医学研究发现，爱较真的人比那些随和、不较真的人更容易得消化道疾病，尤其是胃癌。

一位患者向某专家求证，据说为治病，他已经辗转若干个医院，但是治疗效果都不明显。

当他拿出病历，医生第一时间就判断出他是位工程师。因为他自己总结的检查指标变化，用的都是柱状图和曲线图。

这位工程师问医生，为什么自己严格按照医嘱规范治疗，身体康复得却很不好，各种指标一直不稳定、不正常。“这是为什么呢?”他反复地问医生。

医生明确地告诉他，正是他的这种处事态度成为康复的障碍，并且毫不留情地批评他太较真。

这位工程师不以为然。他认为自己搞了一辈子桥梁工程，凡事认真是好习惯，所以做什么事情都必须弄个水落石出，对待疾病更是要一丝不苟。

医生告诉他，生命科学不同于建筑学，是一门不确定性科学。过于较真，等于把生命这个复杂的问题简单化。长此以往，身体一定会透支，并且将非常不利于人体内环境的稳定，最后还会干扰神经系统和内分泌系统，导致免疫功能紊乱。所以爱较真是康复最大的障碍。

听了医生的分析，这位工程师改变了自己的治疗态度。他不再半月查一次指标，而改为四个月查一次。也不再把每次指标与前次做精确的数值对比，只了解一个大概情况。就这样，大半年以后，他的各项指标都趋于稳定，身体恢复得非常好。

所以，说较真是一种伤人伤已的心理状态，真是一点都不为过。

现在的人生活富裕了，但是活得不快乐、觉得不幸福的人很多。这个情况，虽然各方面原因很多，但较真在里面起的作用也不小。比如有些人根本不考虑自己的实际条件，非要跟房子、车子较真，结果把自己搞得很累，又没有得到快乐。

有一个妇女，家里条件已经挺不错了，但她坚持认为没有买车就不算过上了好日子，于是天天算计着要赚钱买车。其实他们两口子上班都很近，也不是经常出去玩的人，根本没有必要买车。

最后，丈夫被妻子唠叨得不行，终于贷款买了辆车。这下家里的日用支出变高了不说，因为没有车库，所以车的安全也很成问题。两人其实没有太多时间可以开车出游，就连开车去超市都要发愁停车位，还要心疼停车费。所以不到半年，车就成了楼下的摆设。

像这样的情况，表面上看是虚荣和攀比，其实是典型的跟某件事较真的例子。如果这个妇女退一步想想：家里要车有什么用？可能就不会既给家庭增加负担，又添了一个利用率不高的累赘。

有些时候，较真的人也会表现出有利于发展的一面。比如公司中，一个特别较真的会计也许可以发现很多漏洞，从而保证财务安全。在一些励志故事中，较真也会被作为良好的做事态度而加以鼓励。这些固然都无可厚非，但是作为一个关注心灵的人，要明白，纵然较真能够达到某方面的目的，但是对于内心来说，它永远是禁锢心灵的绳索。

也就是说，较真也许可以让你功成名就，但肯定无法让心灵获得解脱。这就是为什么很多人到了得绝症后，才后悔当时太拼命，以至于把命都赔上了的缘故。

所以说，遇事看开一些，凡事糊涂一些，是对人对己都有好处的生活方式。

太较真的人，常被感情所伤，所以古人说“情深不寿”；太执着的人，常被现实所惑，所以有成语叫“执迷不悟”。现代人时常感觉疲惫，这不是身体的劳累，而是心灵的疲倦！

那么，怎样才能做个不较真的人？

1. 学会忍让

忍让是调整内心的方式，遇到不如意的情况，先静一静，忍一忍，很多事情都会自然化解。这就是退一步海阔天空的道理。

2. 懂得接受

一个能够接受他人的人，必然也会被他人理解和接受。能接受生活中的不同，党同不伐异，才是让自己活得滋润的方法。

3. 做到宽容

宽容是解决很多不如意的良方。如果你发现用愤恨、抱怨无法解决问题，还让自己非常痛苦，那么，记住，你还有最后一个选择，就是宽容！

杨安解脱小秘籍

◆时刻记住，退一步，海阔天空。

◆学一点中国古老的哲学，比如《易经》。

◆不管干什么，总是有你希望的人和与你对立的人同时和你在一起。

不生气，坦然面对他人的非难

人的一切愤怒本质上都来源于自己的无能。

——王小波

人为何会生气？按照行为学的解释，是因为人会对行为和结果进行一定预测，当局势不在自己预想中时，则会感到不安和恐慌。而生气、发怒，正是对不安和恐慌的防卫反应。

在一次单位宴会上，有位心理学家提议行一种酒令，酒令是这样的：

(1) 准备一杯敬酒、一杯罚酒。

(2) 在座每位依次接受敬酒。

(3) 被敬的人要请敬酒者说出一条自己身上的缺点。

(4) 如果敬酒者说对了，被敬的人也认可，那么请他喝敬酒，如果对方死不承认，就喝罚酒。

(5) 要是敬酒者说错了，那么由敬酒者喝罚酒。

(6) 关于这条缺点说得对不对，由全桌人公断。

酒令开始，非常奇怪的是，几乎所有被敬酒的人都喝了罚酒，因为他们对别人提出的缺点是坚持不承认，有些甚至拍桌子发火了。

这时，一个女领导说："你们指出我的缺点时，我一定承认，这杯罚酒我肯定喝不到。"

心理学家说："不一定，你等着瞧。"

等敬到这位女领导时，敬酒者也说了一条她的缺点。女领导一听，根本不对，那缺点跟自己风马牛不相及，马上矢口否认。敬酒者请求公断，大家纷纷点头，认为女领导的确有这个缺点。女领导很生气，脸红脖子粗地眼看就要吵起来，但桌上的几位同事开始举例，有凭有据地证明这位女领导的确有这个缺点。

在事实面前，女领导心甘情愿地也喝了罚酒。

这个实验告诉人们的是：我们身上最大的缺点，往往是认识自己的盲点。所以如果有人指出你的缺点时，不论你觉得他说得对不对，都不要生气。想想古人说的道理："有则改之，无则加勉。"感恩那些提出你缺点的人。

再往深层分析，这个实验还提醒我们：一般人连有心理准备的批评都很难接受，更不要说没有心理准备的非议和责难。所以，这就是为什么现在的人很爱生气的原因之一。

人生气的原因非常多，但不生气的智慧只有一个：宽容。很多时候，我们会为了一些无关紧要的小事气得半死，事后想想，真是不值得。但“制怒”二字，说来容易，做起来却非常困难，甚至连佛门的高僧大德，有时也难免犯戒。

坦山禅师为人不拘小节，烟酒不忌；和他一起修行的云升禅师则相反，平时不苟言笑，而且颇以自己潜心向佛的举动为荣。

一天，坦山正在喝酒，看见云升从他的禅房前经过，便邀请他一起喝酒。云升禅师严肃地谢绝了。

坦山便随口说了一句：“连酒都不喝，真不像人！”

云升闻言大怒，呵斥道：“你敢骂人！”

坦山疑惑地说：“我并没有骂你！”

云升更生气了，反问道：“你说我不会喝酒就不像人，这不是明明在骂我吗？不然，你来说说，我不像人像什么？你说！你说！”

坦山看了看他，缓慢地说：“你像佛。”

听罢此言，云升禅师无言以对，他承认在修行上坦山比自己更高一筹。接着回去参禅了。

或者有人会说，俗话说：“泥人还有三分土性。”既然不生气这么难，那何必让自己为难？该生气的时候生气就好了。不然，憋着更难受。

其实，这里说的不生气，不是提倡人要憋着，那样确实不好，生闷气更影响身心健康。这里说的不生气，是指内心的宽容，是真正的没有生气，而不是表面的不发脾气。

有研究表明，现代人亚健康状态的原因之一，就是现在人们更爱生气，稍微有点不顺心就发脾气。在生活中动辄出口伤人，在网上随意谩骂，其实都是心灵被“气”蒙蔽的表现。而对“身”，则产生九种伤害，分别为：

伤脑——使大脑思维突破常规活动，还会导致脑出血。

伤神——由于心情不能平静，致使神志恍惚，无精打采。

伤肤——经常生气的人，颜面憔悴、早生皱纹。

伤内分泌——生气可致甲状腺功能亢进，是癌变的起因。

伤心——气愤时心跳加快，出现心慌、胸闷，甚至诱发心绞痛或心肌梗死。

伤肺——生气时人呼吸急促，可致气逆、肺胀、气喘。

伤肝——生气时肝气不畅，造成肝胆不和、肝部疼痛。

伤肾——生气使肾气不畅，严重的会致闭尿或尿失禁。

伤胃——气懑之时，不思饮食，久之会使胃肠消化功能紊乱。

生气的坏处真的是数不尽！所以，提倡不生气，最终受益的不是他人，而是我们自己。

诚然，要做到不生气，有时真的不容易。碰到不顺心的事，心头无明火起，那是压也压不住。怎么办？还是需要修炼。不妨从坦然面对他人的非难开始。

人最容易生气的时候，最不能克制怒火的时候，就是受到不公的对待、被冤屈、好心被当驴肝肺等，我们把这些情况，统称为他人的非难。也就是说，错不在我，但我受到了伤害。这种情况，人想不生气都难。

如果你面对这样的情况，不妨先看看妙善禅师的故事。

妙善禅师就是世人景仰的金山活佛，他以“难行能行，难忍能忍”而闻名于世。

当年，在妙善禅师的金山寺旁，有一条小街，住着一个贫穷的老婆婆。老婆婆与独生子相依为命，但这儿子忤逆凶横，经常呵骂母亲。

老婆婆难免心中悲苦。为此，妙善禅师常去安慰她，说些因果轮回的道理。但儿子看到妙善禅师来家里就讨厌。

有一天，这个儿子起了恶念。他看妙善禅师又来家里看望母亲，便拿了粪桶躲在门外。妙善禅师一走出门，便迎来当头一桶粪，顿时腥臭污秽的粪尿淋满全身。

妙善禅师也没发怒，只是顶着粪桶走到金山寺前的河边，才缓缓地把粪桶取下来。旁边有认识禅师的人，便为禅师愤愤不平，有几个还打算去教训那个儿子，却被妙善禅师劝止了："人身本来就是众秽所集的大粪桶，大粪桶上面加个小粪桶，这有什么呢?"

有人问："禅师！你不觉得难过吗?"

妙善禅师道："我不会难过，老婆婆的儿子慈悲我，给我醍醐灌顶，我正觉得自在哩!"

后来，那儿子为禅师的慈悲感动，就向禅师忏悔谢罪。在禅师的感化下，他从此痛改前非，后来以孝闻名乡里。

可见，一个人即使平日里都显得宽宏大量，但只有当自己的利益受到损害时还能不生气，才是真的宽容。

如果你觉得自己是日常比较爱生气的人，可以试试这个办法：碰到让自己生气的事，先换个角度看待（具体可参看本章第二节）。

生气是一种情绪反应，而根据美国心理学家艾里斯的“情绪困扰”的理论，引起人们生气的因素不是事件本身，而是个人的看法。比如许多在现实中遭遇不幸的人，往往认为“自己倒霉”，这些其实都是个人的片面认识和解释。事实是，正是这种认识才产生了情绪的困扰。

所以，不论碰到多么让人气恼的事，先换个角度、换种眼光去看待，不要被一时的失意和不快所困扰。

杨安解脱小秘籍

不生气歌

人生就像一场戏，相扶到老不容易。
因为有缘才相聚，是否更该去珍惜。
为了小事发脾气，回头想想又何必。
别人生气我不气，气出病来无人替。
我若生气谁如意，况且伤神又费力。
邻居亲朋不要比，儿孙琐事由他去。
吃苦享乐在一起，神仙羡慕好伴侣。

忘记别人的不好，就是放下自我

如果你为失去太阳而哭泣，你也将失去星星。

——印度诗人泰戈尔

忘记和放下，有关系吗？有。有一句话说得非常好：牢记是一种责任，淡忘是一种智慧。简单地说，就是记住该记住的，忘记该忘记的。

那么，什么是该忘记的？

比如，我们有时候会被身边的人伤害，这个时候，你是选择暴跳如雷，还是淡然一笑？又比如，要是十年后，你再碰到那个曾经伤害过你的人，你是怒目而视，还是坦然面对？

如果你选择的是前者，那么你就是一个执着于自我的人，因为曾经的伤害已经存在，心心念念于此，就是我执，就是放不下的表现。如果你选择的是后者，那么恭喜你，你是个拿得起放得下的人，你懂得忘却，懂得感恩，你的人生收获的肯定是快乐和幸福。

这是一个真实的故事：

一对刚刚大学毕业的情侣，男生很优秀，准备出国；女生找了份工作，表示要全力支持男友。双方相约等男生学成回国就结婚。

后来发生的事跟无数爱情结局一样：男生顺利出国，接受未婚妻的资助，但毕业后回国，却是为了和未婚妻解除婚约。亲友们谴责男人的负心，但也只能是谴责而已。

十年后，男人回国，在同学聚会上听到同学提起当年的未婚妻：嫁了个鱼贩子，每天在菜场忙碌，又拉扯着两个孩子，很不容易。他心里非常愧疚，于是打听了她的住址，又带了些礼品和一张支票，想要给她一些补偿。

当男人看到昔日的未婚妻时，她正在鱼摊旁刷洗，两个孩子围在她身边。女人早已经没了当年的花容月貌，生活已经将她折磨成一个毫不起眼的妇人。他走到摊位前，叫她的名字。

女人抬起头，看了他一眼。他相信女人一定认得他，因为这些年，丰裕的生活让他的面貌没有什么大变化。

但女人仿佛不认识他。淡淡地说："先生，您认错人了。"接着她低头继续忙自己的活儿。

男人僵住了，他退到一边，细细观察。这时他才发现，女人虽然面带沧桑，但并不憔悴。她卖货、杀鱼、收钱，间或照顾孩子，一切都有条不紊。他原本以为女人会恨他，可能还会感激他的帮助，他也准备好了很多自责和安慰的话语想对她说。但到这时他才知道，原来自己的一切都是多余。那些过往，她早就放下了，而他却还苦苦地背负着。

男人悄无声息地离开了。

这个故事中的女人是个有大智慧的人。她的确承受了生活的不幸，可是她选择的是忘记。她放下了未婚夫对自己的伤害，也就走出了人生的一条新路。她没有陷入埋怨和伤感中，而是努力面对生活，活在当下。所以，在这个故事中，也许那个男人的物质更丰厚，但是在心灵上，是女人早就获得了解脱。

所以说，忘记是一种风度，忘记是一种智慧。

忘记别人对自己的不好，就是放下自我，解脱自我。

有时候，我们受到的伤害，不仅来自他人，也有来自社会或者自然的，比如，天灾。那么，“忘记”也是面对生活的磨难时，让心灵解脱困境的良方，让生命健康延续的保障。

这还是一个真实发生的事。

一对瑞典籍夫妇和一对奥地利籍夫妇遭遇雪崩，陷进一个无法攀爬的山洞中。

面对现实，两对夫妇开始了他们与世隔绝的生活，相约绝不提洞外的事。他们像平时一样，每天按时起床、打扫，各种日常活动井井有条。

携带的食物吃光了，他们便开始在洞中寻找食物。凡是能吃的，他们都找来充饥。渴了，就去砸洞壁上的冰碴。

闲下来的时候，他们唱歌、跳舞、讲故事、做游戏。最后，他们完全忘掉自己遭遇的境地，只是活在当下，维持自己身心健康。

不知过了多久，有一天，另一场雪崩冲塌了洞的另外一侧，四人终于得到救援。当人们询问他们活下来的秘诀时，他们的回答很平静：“其实没什么秘诀，只不过是在洞中的日子里我们学会了忘记。忘掉周围的环境和自己的遭遇。”

这就是忘记的魅力。

忘记别人对自己的伤害，可以让受伤的心快速康复；而忘记生活中不可抗拒的打击，则是让自己顽强生存的有力武器。要知道，很多人能在看似不可能的绝境中生存下来，跟“忘记”不无关系。

比如唐山地震中，曾经有个被埋了7天的女孩，获救后居然保持高度清醒。经过检查，她的生理机能也根本不像7天水米未进的样子。经过调查，原来这个女孩被埋后就一直睡觉，她根本没有去想自己面临的困境。而且在梦里，她的奶奶总是会给她一个她最爱吃的苹果。就这样她支持到获救。

这样的事情用生理学分析是不容易讲通的，但从心理学上来解释完全成立。这就是心灵的力量。

所以，学会忘记，其实就是让生命轻装。

但是，要忘记别人对自己的不好，真的有点难度，怎么办?

办法一：不要知道

我们身边总是会有一些“热心人”告诉我们：某某在背后说你坏话了，或者你这次没有提升，是因为谁的原因等事情。这样的人可能是好意，但是却会让我们陷入不快。毕竟不是谁都有高僧的修为的。那么，就不要知道。

有人去看望一位遭人诬陷的朋友。吃饭时，朋友接了个电话，这个人听出来是有人要告诉朋友诬陷他的人是谁。朋友说：“你千万别告诉我，我不想知道。”这人有些诧异。朋友解释说：“知道了又怎么样?有些事不需要知道，有些事需要忘记。”

这位朋友的做法，可以为多数人借鉴。

办法二：选择忘记

忘记也可以选择。根据心理学的理论，人脑是一个容量非常大的记忆库，很多我们自己以为忘了的事，其实只是被记忆库封存。反过来说，我们都是“选择性记忆”者。这样就让我们有了可以选择忘却的自由。

吉伯、马沙一起旅行。行过一个山谷时，马沙差点掉下去，被吉伯拼命拉住救起。马沙于是在附近的大石头上刻下了：“×年×月×日，吉伯救了马沙一命。”

后来，吉伯跟马沙为一件小事吵起来，吉伯一气之下打了马沙一耳光。马沙跑到沙滩上写下：“×年×月×日，吉伯打了马沙一耳光。”

有人问马沙，为什么要把吉伯救他的事刻在石上，将吉伯打他的事写在沙上？马沙回答：“我永远都感激吉伯救我，我会记住的。至于他打我的事，我只想随着沙滩上字迹的消失，而忘得一干二净。”

毫无疑问，马沙是个非常睿智的人。他知道人要选择忘记那些对自己不好的事情，而记住那些对自己好的事。这样，生活才会有阳光和鲜花。

请记住，忘记是一种记忆的洒脱，一种胸怀和境界的开阔，一种对痛苦和忧愁的嘲讽和不屑，一种对人生轻轻松松的处世真谛。懂得忘记，你才能真正获得解脱。

杨安解脱小秘籍

跋地罗帝偈

慎莫念过去，亦勿愿未来，

过去事已灭，未来复未至。

现前所有法，彼亦当为思，
念无有坚硬，慧者觉如是。
若学圣人行，孰知愁於死？
我要不会彼，大苦灾患终。
如是行精勤，昼夜无懈怠，
是故常当说，跋地罗帝偈。

让宽容去释放自我的心灵

不可以一朝风月，昧却万古长空；不可以万古长空，昧却一朝风月。

——宋·善能禅师

宽容，一般意义是指做人宽厚，有气量，遇事不计较或追究。但这只是对这个词语的简单界定。从宽容的内涵理解，这是一种没有畏惧、没有私欲、远离一切执着和冲突，从而达到统一调和的心理状态。这种心理状态产生的与人为善的外在表现，才是真正的宽容。

现在很多人为了一点蝇头小利而钩心斗角，为别人的一句半句话而耿耿于怀，为一点半点的不顺心事而义愤填膺，看似很精明，其实是一种心灵被束缚、被蒙蔽的表现。所以，宽容别人，其实就是解脱自己。在生活中多一点对别人的宽容，就是让生命中多一点空间。所以古人才有“心底无私天地宽”的说法。

夏原吉是明朝重臣，他五朝为官，深受器重。被《明史》称为“股肱之任”“蔚为宗臣”，称他的一生可“树人之效”。而在民间，流传更广的则是夏原吉为人宽容的故事。

有一次他在驿站进餐，厨师放多了盐，菜难以入口。他就仅吃些白饭充饥，并不说出原因，以免厨师受责。

有一个仆人弄脏了皇帝赐给他的金缕衣，吓得准备逃跑。夏原吉知道了，便对他说："衣服弄脏了可以清洗，怕什么？"

又有一次，侍婢不小心打破了他心爱的砚台，躲着不敢见他。夏原吉知道后，便派人安慰侍婢说："任何东西都有损坏的时候，我并不在意！"

这样的事不胜枚举。因此他家中不论上下，都很和睦地相处在一起。

夏原吉用自己的宽容，避免了很多不必要的冲突。表面上看，是他宽容了其他人，其实他也是让自己得到了平和幸福的生活空间。

宽容是一种高尚的品格。因为宽容是修养、是智慧，而修养和智慧源于对世事思考后的洞明，对他人无私的关注和关爱；源于对生活理解后的包容，心灵经历磨难之后的从容。所以，大凡宽容者，多为品德高尚之人，必具一种长者风范。

宽容的人，心灵通透明净。他不是无原则地放纵他人，而是立足于对人对事的了解，换位思考，得以宽容。

管鲍之交是我国古代很著名的关于宽容的典故。

春秋时期著名政治家、思想家管仲的家境比较困难。他和鲍叔牙是朋友，一起做生意出资时，他总是少出点份子，但赚了钱分账时，他又总是多拿一些。合伙的人都很生气，但鲍叔牙总是说："管仲不是一个贪小便宜的人，他多拿是因为家里穷，我是心甘情愿让他多拿的。"

之后，管仲和鲍叔牙一起参军。管仲每次打仗都缩在最后面，撤退时又跑在最前面。别人都骂管仲是个胆小鬼。这时，又是鲍叔牙出面制止别人的耻笑。鲍叔牙告诉大家说，管仲之所以这样做，是因为他家里有老母需要赡养。

管仲听到这些话，十分感动，说：“生我的是我的父母，而能真正了解我的却是鲍叔牙！”从此以后，他俩结成了生死之交。

鲍叔牙对管仲的宽容，是基于他对管仲的了解。他没有片面地用一个固定标准去衡量管仲，而是根据管仲的性格、为人、实际情况，换位思考，做出冷静的判断。宽容，归根结底体现的还是一个人的心胸和眼光。所以，宽容是一种气度与胸怀，是对人对事的包容与接纳；宽容也是一种仁爱的光芒，是对别人的释怀，也是对自己的善待。

宽容是一种艺术，宽容别人，不是懦弱，更不是无奈的举措。生命如此短暂，学会宽容，才能使自己不在无谓的情绪中浪费生命，从而保证生活的平和、快乐。

人的不宽容，有时候是对人而不对事的。比如，一个陌生的小孩子跑过身边，弄脏了你的衣服，你十有八九不会介意，最多说两句。

而相反，若你被别人开宝马溅了一身脏水，很可能会怒火中烧，破口大骂，甚至说人家为富不仁。因为你觉得他“不应该”这么做。

有个一禅宗的故事，很能说明人的这种“选择性宽容”。

方丈年迈，庙里的大师兄主持日常事务。大师兄熟知经典，各方面都很出色，但是当他遇到根基浅、思维混乱、表达不清的师弟时，常常大发脾气，一句“你怎么还不明白？你猪脑袋啊”就成了口头禅。方丈为此批评了他很多次，他嘴上承认错误，但一遇到类似情况，仍然忍不住要发脾气。

后山有只小猴，跟寺里的和尚都很熟。一天，小猴来寺里玩耍，刚好大师兄砍柴回来，满头大汗，看到小猴，便戏耍着比画道：“小猴，帮我拿汗巾。”说着指了指放在柴堆上的汗巾。

小猴看了看，跑到柴堆前，抽出一根柴火拿回来给大师兄。

大师兄哈哈大笑，自己起来去拿汗巾。

方丈看到这一幕，就问：“你怎么不跟小猴计较？”

大师兄说：“小猴又听不懂我的话，我跟它计较什么？”

方丈又问：“那你怎么老要跟师弟们计较？”

大师兄说：“师弟们应该能听懂我的话啊。”

方丈说：“应该？什么又叫做应该呢？首先每个人天生的悟性不同，悟性好的人，并不是他的功劳；悟性差的人，也不是他的过错。就算是悟性相同，后天所处的环境又不一样。出生在书香门第的人，并不是他的功劳；出生在走卒屠户的人，也不是他的过错。就算是环境一样，遇到的师父又不一样。遇到一灯和尚的，未必是他的功劳；遇到酒肉和尚的，未必是他的过错。人与人有这样大的差异，你凭什么就能说谁‘应该能’怎么样呢？”

大师兄听到这里，低头道：“师父，我错了。”

“不，你的错还不在此。”方丈道。“同样的事情，你不对小猴发怒，因为它是猴，你是人。而你对师弟们发怒，因为他们是人，你也是人。所以问题并不出在他们身上，而出在你身上。你想，如果佛看到你师弟们的错误，他会发怒吗？他当然不会，因为佛的智慧可以包容一切。”

大师兄终于明白了。之后，他对师弟们耐心了很多，而很奇怪地，那些平时接受能力很差的师弟，居然也很快就能开窍。所以大师兄对宽容的领悟，又加深了一层。

在生活中，我们相对更容易宽容那些不如我们的、弱小的人，因为无可争，而不容易宽容那些地位、身份比我们高、能力比我们强的人，因为我们内心本来就有执念。比如有人常说："如果我做到……我就不像他那样。"其实这种说法就已经存在一种不宽容了。

所以，真正的宽容不是自上而下的恩赐，而是一种自我心灵的放松和沉静。如果你发现自己跟人斤斤计较，请先反观自身，也许，你会看到自己跟别人的差距。

所以，宽容，才是真正释放内心、放下自我的终极法宝。

杨安解脱小秘籍

◆严于律己，宽以待人。

◆即使只是为了自己的健康，你也不该斤斤计较。

◆把你的愤怒写下来，然后一把火烧掉，利己宜人。

第八章

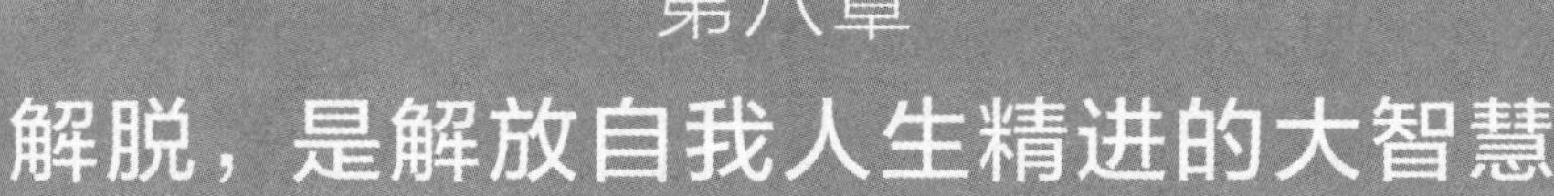

解脱，是解放自我人生精进的大智慧

解脱不是逃避，更不是消极的人生观，而是一种精进。逃避者只是让心灵进入另外一种桎梏，而承担带来的才是人生的解放。遵循自然，保持自我，过简单的生活，让性灵获得自由。身心合一，活在当下！

别把解脱看成消极的逃避

生命短得可笑。怎样生活？一些人千方百计逃避生活，另外一些人把自己整个身心献给了它。前一种人在晚年时精神空虚，无所回忆；后一种人精神和回忆都是丰富的。

——高尔基

我们有时听到人这样说：“我现在还要上班，退休了就解脱了，可以想干什么就干什么。”“我现在还要还房贷，等把贷款还清了也就没事了。”“虽然我现在退休了，但是还要带孙子。等孙子长大了，我也七八十岁了，那真的闲心了。”……

持这样态度的人很多，总认为眼前的烦恼，是因为某件事，只要处理完了，也就解脱了，其实那是不可能的。只要人还没有放下，那么这件事结束了，还会有那件事，永远也不可能真正解脱。那些说法，只是给自己的不作为找了个借口而已。

真正的解脱是一种面对生活积极的态度，而不是消极的逃避。

一位年轻人，写信给我国一位大企业家。他在信中说，自己刚大学毕业，找到了一份不错的工作。但是，公司里同事间竞争激烈，主管经常刁难，他想换一份工作，但又舍不得这份不菲的待遇。他问，自己该怎么办？

回信中，企业家给他讲了一个故事。

明朝有位书生，屡试不第，生活穷困潦倒，他常想，要是能得道成佛，就能摆脱困苦！于是他向文殊菩萨祈求："让我做你的弟子吧，我厌倦这个悲苦的红尘很久了。"

文殊菩萨听到了他的祈求，便现身给他看了一面镜子：镜中，一位仙童正摇着文殊菩萨的胳膊说："师父，求你让我下凡去做一个凡人吧。"菩萨问："为什么要做凡人呢？"仙童语调忧伤："蓬莱寂寞啊，师父！有美酒，却只能独酌；有仙乐，却无人共赏。师父您出外论道的时候，偌大的道场只有我一个人。五百年了，您知道我是怎么过的吗？"文殊菩萨一声轻叹。

书生非常高兴，说："太好了，菩萨，请让我跟您的弟子换换吧。"

菩萨看着他，道："难道你不知道，这就是你的前世吗？"

"我的前世？"书生满脸惊愕。

"是的，他正是你的前世。"文殊菩萨语调深沉，"你受不了仙界的清淡寂寞，才自愿舍了五百年的修行。你说，只要能到凡间经历一番轮回，享受一下凡人的爱恨悲欢，无论如何，你都甘愿！我这次来，就是想看看你在凡间过得怎样。"

书生惊呆了。

"好好想想吧，等你做好了决定，我会再来的。"文殊菩萨化作一阵清风，飘然而去。

书生沉思了一夜。之后，这位书生就像换了个人似的，再也不怨天尤人。他娶了一位朴实的村姑，生了几个伶俐的儿女。忙时，耕田种菜；闲时，吟诗赏月。整天笑容满面，过得逍遥自在。享年八十七岁。

在信的最后，企业家这样说：红尘悲苦，蓬莱寂寞！这个世界上，又哪来完美的人生呢？你想换份工作，其实是在逃避，逃避工作中出现

的矛盾。在你的心态修炼好之前，换工作环境是徒劳的。

所以，当务之急，需要修炼的是自己的心态，这才是真正得到解脱的方法。

迫切追求解脱的心是对的，但是也不能盲目，更不能用逃避获得虚幻的解脱。因为解脱归根结底是一种人生智慧。比如上面这位年轻人，在工作中碰到困难，就想换份工作，却没想过也许问题在自己身上。遇事处世先内求于己，后外求于人，这是绝大多数宗教教导世人的修心之路。可惜知道容易，做到难。

解脱是一种智慧，表现在人身上，大致是一种不盲目、不逃避，顺天应人的自然之道。有个禅宗的故事，大家都很熟悉。

大小两个和尚过河。河水湍急，河边有位女子，正在踌躇。大和尚走过去，征得女子同意后，便将她抱过了河。

之后，小和尚问："色为佛门第一戒，你这样做，不是犯戒了吗?"

大和尚却说："我将女子抱过河之后便放下了。而你却还一直在手里抱着啊!"

这个故事中，小和尚心中有欲，却又拘泥于外在做法，所以他一方面逃避，另一方面在心中放不下。而大和尚只是遇事做事，心无挂碍，所以洒脱自然。从这个故事也可以看出，有时候，人想逃避的，往往是自己内心在意的。所以，如果发现自己有逃避之心，不妨试问自己：我对此事（此人）有多在乎?

这样的例子在心理学上不胜枚举。因为人体有自我保护机制，遇到自己处理不了或者患得患失的事情，会本能地选择逃避。可天下的事，并不都是绕着走就能完事的。就像路上有块石头，你绕过去了，但石头却还是在那个地方。

比如有这样三个人，且称他们为甲、乙、丙。三人是从小玩到大的好朋友。

某日，甲急等用钱，向两位朋友各借了3000元。这笔钱说大不大，说小也不算小。乙借出钱后，总在心里惦记着，想催甲还钱，但又怕伤了兄弟情面。一来二去，落下了心病。

有次，甲不在的时候，乙问丙：“是不是该问问钱的事了？”

丙反问：“什么钱的事？”

乙说：“就那借的3000元钱啊。”

丙说：“哦，我都快忘了。他还我就收着，他要不还，我就当没这笔钱。至少以后他也不好再开口跟我借钱。”

乙说：“你想得开，可我老惦着这事。”

丙说：“你放不下就去催催他。让他有钱了赶紧还你。”

乙说：“提钱忒俗，怕伤了我们的兄弟之情。”

丙说：“要是真兄弟，他不会为此就往心里去。要是他真的翻脸了，你也可以看出这个人的真面目，就不用再顾及情面，岂不是也好？总比你自己心里老寻思这点事强。”

在这个故事中，甲是否还钱不是关键，重点是乙和丙的处事态度。丙很豁达，这样的人在生活中不会给自己找麻烦，但大多数人还是像乙那样的。放不下，那怎么办？

道理很简单，别逃避，去做。

这个故事还说明一个道理：解脱归根结底是一种心的修行，是一种自我的解放。所以人不同，解脱的方法也不一样。但条条大路通罗马。只要方向对了，用什么样的方法，并不是一成不变的。所以求解脱，不用太拘泥于某种程式。需知他人之蜜糖，可能也是己身之毒药。

一个人，无论是什么地位，有多少身家，没有智慧就会痛苦。人的快乐和痛苦，与物质无关，只与智慧有关系。比如很多大德高僧在山洞里修行，连基本的生活条件都没有，但是他们内心的快乐溢于言表。

所以，世上有权力、有势力、有财富的人比比皆是，但是幸福的人却不多。

很多时候，为了让内心得到点安慰，我们会给自己的烦恼、痛苦找很多理由。其实，那些都不是真正的原因。缺乏智慧，不能把握自己的心，才是无法摆脱烦恼痛苦最根本的原因。

所以，解脱不是要逃避现实，逃避本身就是一种痛苦、一种束缚。想逃避的时候，你还是钻在痛苦里，这不是解脱。

杨安解脱小秘籍

◆躲得过初一，躲不过十五。

◆很多事到了面对时，才知道没那么麻烦。

◆与其把问题想大，不如把事情做细。

解脱不是背负，而是承担

每个人都被生命询问，而他只有用自己的生命才能回答此问题；只有以“负责”来答复生命。因此，“能够负责”是人类存在最重要的本质。

——维克多·弗兰克

我们在生活中经常看到这样的现象：同样的一件事，一个人很不高兴，或者做好或者做不好，却总是痛苦。另一个人却好像一点也不烦恼，就那么自然地做着。是能力问题吗？未必。是第二个人太逆来顺受？也不一定。

我们在前面一直强调一点：人的受限，不是源于外界，而是源于自身。同样的事情，两个能力、条件都相似的人来做，结果不同，那么最大的可能，就是他们面对这件事的心态不一样。

日本有本书，叫《射艺之禅》，就是讲射箭艺术当中的禅道。它说，如果你瞄准，一心想射中这个靶子，就没办法把它射好，因为你和靶子是站在对立面上。如果慢慢地，你能够把能射的你和所射的物融合在一起，到时，你就一定能射到靶心。

把这个道理放到生活中，就很容易理解：如果我们把生活中的人和事，看做自己的对立面，要拿下这个，消灭那个，先不论结果如何，这过程就让人沉重，早晚不堪重负。要知道，我们不是在打仗！战场上有赢必有输，而生活中的我们，输赢都只是自己。因为我们的对手，不是别人，不是用来引人竞争的种种目标，而是我们自己。

想明白这个问题，其他问题就迎刃而解：如果你觉得有什么事成为困扰，那么前提是你没有融入这件事。你把这件事当成了一种负担，而不是一种责任。

负担是一种对立，承担是一种融入。

有个摔跤手，跟人角斗时，总是输多赢少。可是他的个头和力气都是超人的，技术也非常精湛。他非常不解，教练也束手无策。

有一次随喜寺院，他向一位禅师提到这个问题。

禅师听了他的阐述后，让他在训练时，试试看不要一上去就想：那是对手这是我，我要战胜对手。

摔跤手不解了：不想对手，那还比什么？

禅师说：“你就观想自己是海中的大浪，能够冲倒一切。当你离开

了能战胜的你，和所要战胜的他的时候，将会是另外一种境界。”

摔跤手按照禅师的话去做了。很神奇，他的角斗能力真的变强了。在旁人看来，他的身体灵活了，力气变大了，甚至能够在一些匪夷所思的地方制住对手。不论是训练还是比赛，他都取得了不俗的成绩。教练和队友都认为他“开窍了”。而他自己却明白，之前是自己太拘泥于输赢，以至于成为输赢的奴隶，而经过禅师的点拨，他顺利地融入了角斗，成为其中的一分子，自然能力大增！

我们从小就被教育：做事要有目的。在成长的过程中，这个理念也不断被强调：公司有愿景，部门有目标，再分解成为计划，落实到每个人头上，每个人又再分解、再计划，最后大家一起想着愿景、奔着目标、按计划行事。这固然是一种不错的管理之术，但却不算有益身心的生活之道。

解脱，不是要我们去推翻这种秩序，而是不要让目标成为生命的负担。

换句话说，人有目标是好事，没有目标的人生很可怕，但不要让它成为自己的负担。这样，可能还会阻碍自己的脚步。

社会是以成败论英雄的，在唯结果论者看来，这样的说法或许难以令人信服。也有人会担心：这样岂不是人人都随波逐流了？毕竟人天性是好逸恶劳的，不拼一拼，压一压，还有人做事吗？

其实我们讲的解脱之道，一直都是一种内心的态度，就算提出些方法，也是内心态度在外面的折射。强调解脱不是背负，不是让人放弃目标，而正是帮助人们更好地达成目标的方式。正如前面的摔跤手，不把对手放在心上了，反而更能赢得比赛。

如果射箭之禅和摔跤离我们的日常生活都太远，那么还可以举一个大家熟悉的例子，这个例子在职场培训中被讲得非常滥，其实里面的深

意，体会出来的人不多。

一位领导吩咐三个员工去做同一件事，三个人的表现不一。

第一个人马马虎虎完成，就来汇报。第二个人按照要求尽力完成后才来汇报。而第三个人尽心完成，不仅做到了领导吩咐的，连领导没有吩咐的都根据组织需要做好了，供领导选择。

毫无疑问，第三个人的做法是被赞许的。

但是，怎样做？难道说，我们做每件事的时候，都要挖空心思奉迎他人？且不说能不能做到，就算真的能做到，那这样活着又该多累？

其实，我们说第一个人是在敷衍任务，第二人只是完成任务，而第三个人是承担任务。当一件事被承担起来，它就不是负担，而是责任。它跟这个人有同气相求的关系，而不是对立的冲突。我们想一想，生活中产生的很多困扰，是不是恰恰来自我们觉得“这不是我的事，可我不得不做”的想法？

回到解脱之道。我们生于世，总有自己要做的事、要承担的责任，大到民族大义，小到家务琐事。如果总是想着能不能不做，或者快点做完，那叫不负责任，跟前面所讲的逃避类似，其实不得解脱。解脱的真正意义在于承担，并且融入。不论多么困难或者枯燥的事，只要肯承担，能融入，你都能从中发现乐趣！

学会承担，在做每件事的时候，不要只是完成任务，而是去融入，去感受当下的每一分、每一秒，你会发现从未发觉的美妙。不用推翻，无须革命，解放自我，就是这么简单！

杨安解脱小秘籍

◆不管什么事，只要是你手头在做的，就是你的事。

◆如果真的非常不喜欢做某件事，就试着赋予它一种意义，这样你将更乐于承担。

◆不管干什么，保持专注。

在平凡的生活中感悟性灵

非淡泊无以明志，非宁静无以致远。

——诸葛亮

平凡，就是平常，不稀奇。人大多拒绝平凡。因为平凡对于我们来说是那么的触手可及，一如柴米油盐般熟悉与接近。而平凡的生活就像一杯放在桌上的白开水，因为普通，想不被忽视都难。

于是，我们要成名，要发财，要与众不同，要活得让他人羡慕让万众瞩目。我们渴望能超越平凡，超越自我，能在有限的人生中享受人生的激情。

我们不能享受平凡，正是因为我们太平凡。

不仅如此，世俗的价值观也在有意无意地鼓励人们追求“不平凡”。比如“不想当将军的士兵不是好士兵”“吃得苦中苦，方为人上人”等，都在强调人要与众不同，要活得跟别人不一样，哪怕为此付出巨大的代价。

即使是一些打着“平凡”旗号的励志故事、名人案例，也不外乎告诉人们：在还没有出头的时候不要自暴自弃，要兢兢业业，机会会留给有准备的人。其实就是用将来的所谓的不平凡，来让活在平凡中的大多数人别给社会添乱。可是，传递这样的信息，无形中让人们变得更焦躁，更急功近利，无处不在的成功学正是这种心态的反映之一。

哈里·S·杜鲁门当选美国总统后不久，有位客人前来拜访他的母亲。在言谈中，客人笑道："有哈里这样的儿子，你一定感到十分自豪。"

杜鲁门的母亲赞同地说："是的。我的两个儿子都令我自豪。"

客人很感兴趣地问："哦，请问您另外的一个儿子在哪里高就？"

母亲笑着说："他这会儿应该正在地里刨土豆。"

这段对话在重仕轻农的我国被广为引用。激起人们感慨"看人家母亲多么公平"的背后，其实是我们自身一直以当大官为荣以做农民为耻的等级思想在作祟。换言之，因为总统只有一个，而农夫可以有无数个，所以总统不平凡而农夫平凡。如果杜鲁门的母亲以有个当总统的儿子而自豪，是正常的，而以有一个当农夫的儿子而自豪，这太与众不同了。这真是伟大的母亲，真不愧是总统的母亲。

所以，这段故事让多数人回味的，还是不平凡。

如果放眼世代交替，生命繁衍，人类生活的基本内核原本就是平凡的。战争、政治、文化、财富、历险、浪漫，一切的不平凡，最后都要回归平凡。有时我们会忘了，那些成大事者或者感动世人者，终究也是在寂静的生活中，平凡于生活。比如在地里刨土豆的约翰·卫维恩·杜鲁门，是个善于经营的农场主。杜鲁门总统卸任后，兄弟俩还一起打理了几年农场。后来随着经济发展，逐渐把这些土地卖给了开发商建住宅和商业中心。

但是很少有人会把杜鲁门总统卸任后的这些生活当做案例来讲。为什么？因为太普通，太平凡。

其实，平凡才是生命的真谛。人来到世上，首先是一个生命。生命所需要的，无非空气、阳光、健康、营养、繁衍，千古如斯，古老而平凡。

生命原本很单纯，是人把日子过复杂了。许多时候，我们不是作为生命在活，而是作为欲望、野心、身份、称谓在活，是为了财富、权力、地位、名声在活。我们把它们看得比生命更重要，甚至不惜为之耗费一生的精力。所以，我们不去听也听不见生命本身的声音了。

有位禅师一生行为高洁，慈悲深切，广受人崇拜。人们称他智慧广大就像虚空的云，是百年难得的开悟圣人。

禅师圆寂之前，面对着聚集在眼前的弟子，他突然哭了，很伤心。

就有弟子问："师父为什么哭泣？难道师父有忘记修行的一天吗？"

禅师摇头。

"难道师父有过忘记行善的一天？"又有弟子问。

禅师依然摇头。

"或者师父也曾有心不清净的时候？"再一个弟子问。

禅师还是摇头。

弟子问了许多问题，禅师都只是摇头。有一个弟子就说了："师父！照理说您没有任何可以哭泣的理由。在心，您的修行已到了最高境界；在行，您是远近最受尊敬的行者。您已经超凡入圣，又有什么可以哭泣的事呢？"

禅师终于开口说："这就是我伤心的原因呀！我觉得修行最高的境界是站在人群里不会显现特殊，内心清明而不被人盲目崇拜，可是大家却说我是超凡入圣。可见我直到今天，还是没有修得正果啊。"

在我们的人生里，每个人都希望能不断发展，然而，当我们心中只有目标的时候，往往会忽视过程在人生中的意义，也即失去了对平凡的重视。

其实，平凡更能让我们神志清明、性灵觉醒，教养我们的内涵，修正我们的行为，帮我们调适天与人之间的和谐。"功名利禄、物欲横流、依然淡薄如故；花开花落，云卷云舒、自能宠辱不惊。”这便是一种进步，一种成长，一种升华。

平凡很容易跟平庸混淆，这也是很多人本能拒绝平凡的原因之一。要想不平庸也很简单，将心放开，在平凡的生活中感悟性灵吧。致力精进，勤断恶根，须知“一花一世界，一叶一菩提”。那些在你面前的日常琐事中，就有着解放心灵的大智慧。

其实，真的要做一个平凡的人，也不容易。你希望获得，但要知道满足；人好逸恶劳，但要知道一分耕耘，一分收获；要求取利益，但要知道利义之分；希望平静，但要不去扰乱别人；爱好自由，但不要违犯法纪；事事为家着想，但要明白覆巢之下无完卵的道理，这是平凡人最起码的条件，听来容易，但你真的都能做到吗？

平凡，是一种境界。识平凡者，得解脱！

杨安解脱小秘籍

- 时刻提醒自己保持初学者的心态。
- 学习一种或者几种生活技艺，如木工等，让自己更好地体会平凡之深意。
- 过“慢”一点的生活，慢点吃，慢点说，慢点走……既是静心之道，也是健康养生之法。

寻回自我，简简单单地生活

当你简化你的生活，宇宙的法律将更加简便；孤独不会孤独，贫穷不会贫穷，也不虚弱无力。

——梭罗

人是自然之子，生命遵循自然之道。人类必须在自然的怀抱中生息，无论时代怎样变迁，生命所需要的，无非空气、阳光、水、健康以及繁衍。我们的先辈日出而作，日落而息，生活的节奏与自然一致，日子过得忙碌而安静。而现代人却忙碌得何其不安静！

我们身边充满了欲望、焦虑、争斗、烦恼。多少人一生的忙碌，归纳下来只有两件事——赚钱和花钱。而这两件事又衍生出一系列新的欲望、焦虑、争斗和烦恼。

从生命的观点看，现代人的生活有两个弊病：

一方面，文明为我们创造了越来越优裕的物质条件，远超出维持生命之所需，那超出的部分固然提供了享受，但同时也使我们的生活方式变得复杂。于是，在越来越复杂的生活中，我们离生命的自然状态越来越远。

另一方面，优裕的物质条件也使我们容易沉湎于安逸，从而丧失面对巨大危险的勇气和坚强。我们习惯抄近路，走捷径，于是精神日渐平庸还沾沾自喜。

真实，要得到幸福原是极简单的。是人们无视简单的美好，偏要到别处去苦苦追寻，结果生活越来越复杂，也越来越不幸。

如果人人——或者大多数人——都能保持生命的单纯，简单地生活，彼此也以单纯的生命相待，固然未必能达到天下大同，但至少也能少去很多不必要的纠纷和烦恼。

简单生活，就是悠闲地生活。这种生活，首先必须是你的自愿选择。当你决定过简单生活时，必须经过缜密的思考，意识到这是你深思熟虑后选择的生活。

珍妮特·吕尔斯女士原是美国一名律师。由于崇尚简单生活，她于1992 年放弃了律师职业，开始创办《简单生活》杂志，在美国产生了巨大影响，她的思想也被人们广泛接受，被誉为“21世纪新生活的导师”。

珍妮特·吕尔斯认为，简单生活并不意味着清苦与贫困，“它是人们深思熟虑后选择的生活，是一种表现真实自我的生活，是一种丰富、平凡、和谐和悠闲的生活，是一种让自然沐浴身心、在静与动之间寻求平衡的生活，是一种无私、无畏、超凡脱俗的崇高生活”。

根据简单生活的原则，人们生活的最低标准是：满足生活的基本需求——住房、营养食品和衣服，做到自给自足，并为之付出精力和时间。那么，在剩余时间里，所有该做的事，就是使自己成为一个悠闲的人，而不是把时间耗费在无谓的应酬和劳作中。

美国的简单族，不看电视，不上网，不过夜生活，不在人际关系、衣着上花过多时间，不大规模购物以造成不必要的经济压力，甚至不驾车。总之，做自己想做的事。

简单生活的最主要特征是“悠闲”。在现实生活中，我们被太多的物欲驱使着———豪华的房子、尽可能多的金钱、出人头地的子女……随波逐流使我们精疲力竭，太多的追求使我们失去心灵的自由。只是，我们真的需要这些吗？

一个渔夫在沙滩边晒太阳。一位大富翁散着步走过来，对他说：“现在正是捕鱼的好季节，你怎么没有出海？”

渔夫回答：“我今天捕到的鱼已经够我生活了。”

富翁摇头：“你在浪费时光。你应该趁着这个好时节，捕更多鱼。”

渔夫说：“捕到很多鱼，又怎么样？”

富翁说：“那样你就可以赚更多钱。”

渔夫问：“赚到更多钱，干什么？”

富翁说：“比如你就可以雇些人，帮你打鱼。这样你的收入就更多了。你可以把钱攒够，去买条大渔船。”

渔夫问：“雇到人，买了大渔船又怎么样？”

富翁道：“那样，你的收入就会源源不断而来。你还可以拓展周边业务，比如一家冰冻厂，往外地销售水产；又比如一家加工厂，将鲜鱼加工成其他产品出售。如果你做得好，你甚至可以发展自己的渔业集团，融资上市。那时，你就再也不用天天出海打鱼，而是惬意地在沙滩上晒太阳。”

渔夫回答：“我现在不就是在晒太阳吗？”

如果人所要的生活是舒服地晒太阳，那么又何必过度获取资源来换取多余的钱财？一个人能平淡悠闲地生活，这是他的幸福。就像故事中的渔夫，不需要拥有多少财富，不去勉强自己，能够生活就可以。可以说，这位渔夫是一个在物欲横流的社会中，没有迷失自我的人。

这就是简单生活。一种轻松不麻烦的生活；一种朴素、低科技、充满灵性的生活；一种有目的的生活，保证有时间做自己想做的事；一种对自身、对环境保持真实的生活。

当然，简单不是单调。单调是一种枯燥的重复，简单是摒弃复杂，还原生活本质，在单纯的时间做实在的事情。正如梭罗所说：“是只面对生活的本质，并发掘生活意义之所在，从而充分地享受人生，吸吮生活的全部滋养。”

请记住，简单生活并不在乎“你认识谁”，它在乎的是，你是否认识自己。

杨安解脱小秘籍

◆如果可以，在休息时关掉手机，不要让工作随时找到你。

◆将饮食从深加工的粮食、肉、糖转向更天然、健康、简单的食物。这些食物能让这个小小的星球维持一种可持续的发展。

◆反复使用金属、玻璃和纸，减少使用或不用一次性物品。

身心合一，你就是最幸福的人

身体和灵魂没有任何一部分是分离的，它们是彼此的一部分，它们是这整体的一部分。

——奥修

在日常生活中，我们经常会发现，我们的身心是分离的。我们的身体可能在这里，而我们的心却在别处，要么迷失在遥远的过去，要么漂浮在渺远的未来。

如果你在上班的时间出行，只要细心观察，就会发现有大量身心不合一的人在地铁内、公车内、街道上。表面上他们的身体都赶着要去上班，但是只要你留意他们的表情，你便会知道其实他们内心并不想甚至抗拒上班。

这只是最常见的现象罢了。

我们都知道，人体有很多奥妙，是目前的科学研究无法解释的。比如巨大的潜能。而种种开发身体潜能的训练和努力，其实大多都基于一个目的，就是让人达到身心合一的状态。

不妨设想你的身体是一只小艇，你的心是让小艇前进的动力。如果你的心飘忽不定，那么就像小艇上有多个人，在向不同的方向拨桨。很显然，这样小艇是无法前行的，只会不断可怜地在原地打转。

但是如果心和身是合一的，那就像艇上每个人都向同一个方案拨桨，小艇也便会很快地到达目的地。

某地突发洪水，困住了一所小学。因为是暑假，学校里只有4个孩子，以及学校的一名勤杂工。

水势凶猛，等待救援已经来不及了。这位勤杂工找来一个大木盆，让孩子们坐上去。4个孩子在木盆里挤得满满当当。勤杂工不会游泳，但毫不犹豫地推走了木盆，自己也毅然冲向洪水。最后，他奇迹般地生还了。

事后，一位记者采访了他："当时，你毅然决然地把死留给了自己，你是怎么想的？"

"没怎么想，就是得让孩子们活着。"

"这说明，你拥有一颗非常了不起的爱心。"

"也不算了不起吧。因为这几个孩子中有我的儿子。"

记者感到意外，又问："据说你不会游泳，你是怎样战胜洪水活下来的呢？"

他说："我想，我很爱我的那个儿子，我不能让他没有父亲。"

这个事实说明，我们每个人其实都有身心合一的能力。或者说，人天生是身心合一的，只是因为在成长过程中，更多的外物蒙蔽了这种能力。所以往往只有在危急关头，人的身体和心灵才容易毫无障碍地融合在一起，激发内在的潜能。

身心合一对我们的重要意义，还不仅是探究潜能这么简单，它也是将我们从冗杂的生活中解脱出来的终极武器。可以说，如果能做到身心合一，那么很多问题对你来说，都不是问题。

我们觉得不如意的时候，常常会把原因归结于外部的环境。而身心合一则会让你明白，所有环境的改变都是来自你内心的改变。

比如，当你发现无法改变一件事情时，那么处理它最好的方法不是与它对抗，而是接受，并且重新去理解这件事情的意义。假如你对抗，它们会一直存在。你越是对抗，它们的能量越大。但当你接受它们，它们便会慢慢变得驯服。正如太极拳一样。这就是符合大自然运作的道理。

身心合一在日常生活中非常重要。身心合一的人，既不以自我中心来执着身心世界，也不以自我中心来裁判身心世界；既能干脆轻松地放下身心世界，也能随时灵活使身心适应世界。身心与世界，内在与外在，自在超越。否则，心念跟身体不在一起，就会变得口是心非，常常说错话、做错事，颠倒痛苦。

比如，一位母亲剪了一株花拿在手上，思考着将花插在什么位置较适宜，然后再小心翼翼地插好，在此过程中就是身心合一。反之，如果对剪花、插花的动作太习惯，结果手上拿了花，心里却在想着："小孩在那边做什么？嗯！奇怪呀！为什么他那么安静，到底他在干什么？咦！小孩在动了，他走路的声音为什么那么响呢？"这就是妄念。

所以做任何一件事，均应将心放在那件事情上，心为那件事而念，就是在念而非妄念。因此要经常保持身体的动作和心的念头在合一的状态。

当身心成为一体的时候，我们身心的创伤就开始得到治疗。只要身心是分裂的，这些创伤就不可能得到治疗。借助于正念，我们可以实现身心合一，从而恢复我们自身的完整性。

静坐可以说是一种简便而实用的练习方式。通过静坐，我们的呼吸、身体和心这三个因素都变得平静下来，并逐渐地融合为一体。当我们的呼吸越来越有规律，越来越宁静，越来越调柔，这种规律、宁静和调柔会润渍我们的身心，身心就会从这种状态中获得益处。我们就能够获得安详、喜悦。

在日常生活中，最容易让我们身心分裂的，其实不是困难、问题，

而是日复一日的事件和场景。在这些不断重复的过程中，最容易出现身体在做事，而心却不知去向何方的情况。比如本节开头列举的上班途中那些身心分裂的人。

这种情况无所不在，甚至连禅修之人都无法避免。

有一位50多岁的女居士对圣严法师说："师父，都是用同样的数息法，坐同样的地方，同样的忍受腿痛、背痛，反复都是相同的，实在无聊，我不想再坐下去了！"

因为她是寺里一位厨艺相当出色的义工，圣严法师便反问她："你每次在厨房拣菜、切菜、配菜、煮菜，是否做同样的菜呢？不可能，每片菜叶都是新的，每一块豆腐都是新的，每一卷寿司都是新的，做出来的每一道菜也是新的，不可能有一样是旧的，即使，是剩菜重煮，也是重新加热过了的。"

她听了后，想想这的确很有意思。对啊！每次做菜时，任何一样东西都是新鲜的，每一刀切下去，每一铲子铲下锅底，每一盘菜端上桌来，都是新的。

于是，当她重新入座用功时，感到很高兴：啊！又是一次新的呼吸，又是一个新的数目，乃至新的腿痛、新的背痛，都是活在新鲜的感觉里。因此，她坐得一炷好香。

我们不能改变环境，但可以改变自己。往往有些惯性的动作，不须加以思考，一般人就胡思乱想地想其他的事，其实根本不用乱想，只要很清楚地知道自己在做什么。比如，扫地时，一扫把一扫把地扫，而且扫得很清楚，洗碗筷、吃饭等都应如此。

所以，经常告诉你自己：又是一个新的开始，又是一个新的开始……你会发现，你的身心在感受这种新鲜里，无形中得到交融和调和。

杨安解脱小秘籍

◆做某件事就只想这件事，哪怕是生活中最习以为常的事。

◆经行，即通过有节奏、呼吸平稳的走路来修炼身心合一。

◆识已识人识进退，时时身心平安；知福惜福多培福，处处广结善缘。